이은천 중남미 여행기 _ 라틴 아메리카

중남미 여행기

라틴 아메리카
LATIN AMERICA

글·사진 | 상운 이은천

CONTENTS

 이은천 중남미 여행기_**라틴 아메리카**

차 례

저자의 말 … 8

**멕시코Mexico**

멕시코시티 소깔로 광장 … 16

과달루페 성당 … 23

아즈텍 문명의 유적, 멕시코의 테오티와칸 … 36

마야유적, 치첸이사 … 47

휴양지, 칸쿤 … 59

쿠바Cuba

아바나와 주변 풍광 ⋯ 66

아바나와 혁명 광장 ⋯ 79

노인과 바다의 산실, 코히마르 마을 ⋯ 93

최고의 휴양지, 바라데로 ⋯ 104

아르헨티나Argentina

부에노스아이레스 5월의 광장 ⋯ 114

탱고의 발상지, 보카지구 ⋯ 123

부에노스아이레스 거리의 탱고와 탱고 디너 쇼 ⋯ 136

부에노스아이레스 레콜레타 묘지와 에비타 ⋯ 144

아르헨티나에서 본 이과수 폭포 ⋯ 158

브라질Brazil

브라질에서 본 이과수 폭포 … 172

이과수 강의 마꾸꼬 사파리 … 180

이타이푸 수력발전소 … 188

리우 데 자네이루 코르코바도 언덕 … 196

리우 데 자네이루 해안과 대성당 그리고 삼보드로모 … 207

리우 데 자네이루 빵 지 아스카르 … 220

상파울루 동양인 거리와 이피랑가 공원 … 228

 # 페루Peru

쿠스코의 꼬리칸차와 삭사이와만 … 242

쿠스코에서 우루밤바를 지나가면서 … 260

오얀따이 땀보와 아구아스 칼리엔테스 … 266

잃어버린 공중도시, 마추픽추 274

아마존 정글, 푸에르토 말도나도 … 294

락치의 유적과 푸노로 가는 길 … 312

푸노 티티카카 호수의 우로스 섬 … 325

피스코의 파라가스공원과 바예스타스섬 … 340

나스카 문명과 그 주변 풍경들 … 351

저자의 말

어느새 팔순(八旬)을 맞았다.

돌이켜 보면 짧지 않은 세월이 흘렀건만 느낌으로는 금방 지나간 것 같다.

금방 같다는 것은 시간과 공간을 초월해 긴 시간이 짧게 함축되어 착각으로 둔갑하는 것이겠지만 어쨌건 그렇게 느껴지는 것만은 분명하다.

대동아전쟁이 한창인 일제 강점기. 국민학교(지금은 초등학교) 4학년 때까지 조국이 일본인 줄만 알고 철저한 황국신민화(皇國臣民化) 교육으로 세뇌(洗腦) 받으면서 어린 시절을 보냈다.

천인공노(天人共怒)할 핍박과 치욕의 일제 치하에서 8.15 해방을 맞았고, 동족상쟁의 6.25 한국전쟁을 겪었으며, 4.19와 5.16혁명을 경험하고 군사정권에 맞서 분연이 일어난 5.18을 현장에서 체험하였다.

남북이 38선으로 갈라져 이념이 첨예하게 대립하였을 때 북한의 남침으로 공산 치하의 학정도 경험했고, 3.15 부정선거에 결연히 일어나 서울의 한복판에서 독재에 항거하기도 했다.

전쟁과 혁명으로 위기의 격랑을 넘을 때마다 국운은 항상 나라를 도와 조국을 융성하게 이끌었고, 민주화는 이루어져 세계 속에서의 한국의 위상은 높아져 갔다.

등에 지게를 지고 짚신을 삼아 신으면서 보릿고개를 힘겹게 넘기던 시절을 젊은 세대들은 저 아득한 고려시대나 조선시대적 이야기라 느낄지 모르겠지만, 그 참혹

했던 시절이 불과 60~70년 전에 망국의 설움을 딛고 풍랑을 넘겼다는 사연을 모른다.

80년이라는 세월이 상전벽해(桑田碧海)의 격변을 가져왔기에 때로는 기적에 가까운 이 풍요로운 현실이 몽환속의 삶은 아닌가 하는 사치스런 생각을 할 때가 있다.

나는 시골 마을 부유한 집안에서 팔남매의 막내로 태어나 부모님의 극진한 사랑과 가족의 보살핌을 받으며 성장했다. 중학교 2학년 때 6.25동란을 맞았고, 그해 겨울부터 병약한 몸에 시련이 다가왔다. "폐결핵" 이라는 진단을 받고 절망 속에서 언제나 창백한 얼굴로 병원을 드나들었다.

나의 청년기는 생사의 기로에서 끈질기게 병마와 싸운 것이 전부다. 아마 부모님의 희생적인 지극한 사랑이 없었다면 지금의 내 삶은 존재하지 않았을 것이다.

천신만고(千辛萬苦) 끝에 건강을 회복하여 학교에 진학하면 병이 또 재발했다. 이런 식으로 되풀이 한 것이 몇 번, 세상은 정말로 내 마음대로 안 되는 것 같았다.

오랜 병상생활 속에서 절망하고 때로는 자학할 때마다 유일하게 가냘픈 희망의 끈을 잡게 한 것이 종교에 대한 막연한 기대였다.

세상은 공평하여 모든 것을 다 가질 수 없다고 좌절하고 고향에서 요양할 때 기독교 불모지에 천막교회를 개척해 신앙생활에 몰두하기도 했고, 충남 예산 덕숭산(德崇山))에 입산하여 금봉 스님의 가르침도 받았다.

회고해 보면 많은 세월이 흐르는 동안 점철된 내 인생의 고비가 역사의 소용돌이 속에서 물처럼 흘러간 것 같다.

본래 나는 책을 내려는 뜻이 없었다.

컴퓨터를 배우면서 블로그(blog)에 여행소감을 사진과 함께 올린 자료를 그냥 폐기시키기엔 너무나 아쉬워 8순을 맞아 중남미 편만을 간추려 책으로 엮어낸 것이다.

사진은 학생 때부터 카메라 촬영을 좋아해 취미를 삼은 것이 필름에서 디지털로 전환되면서 부담 없이 셔터를 누른 것이 자산이 되었다.

세계여행을 하기 시작한 것은 내 나이 61세 환갑이 되던 해에 자녀들이 경비를 모아 잔치를 마다하는 나에게 여행을 주선해 준 것이 최초의 해외여행이 되었다.

제주도 관광 이외는 별로 항공기를 탑승할 기회가 없었던 나는 긴 유럽여행을 앞두고 긴장과 설렘이 왔었는데, 그때 처음 공항에 도착해 탑승수속을 밟으며 당황하고 헤맸던 기억이 새롭다.

나에게 있어서 유럽여행은 60평생 인생여정에 많은 변화를 가져오게 했다. 오랜 역사속의 화려한 유럽 문화유산을 보고 이색적인 지구촌을 보는 것 같아 경이로웠고, 우물 안의 사고에서 시야가 한정되어 있었음을 실감했다.

소심한 성격에 사교적이지 못하고 대인관계에 의연하지 못했던 내가 여행을 통해 성숙되어 갔고, 어느새 여행은 내 취미가 되었다. 20여 년 동안 세계 곳곳의 잘 사는 나라와 못 사는 나라들을 두루 돌아보면서 주변의 실정과 처지를 비교해 보며 견문도 많이 넓혔다. 높은 하늘을 나는 비행기를 보고 딴 세계의 꿈인 줄로만 여겼던 소원이 그렇게 쉽게 이루어질 줄은 몰랐다.

그렇게 풍요롭지 못한 생활여건 속에서 잦은 해외여행을 감행하기란 경제적으로 힘든 상황이었지만, 그래도 지금 생각하면 일생에서 제일 잘한 일인 것 같다.

여행을 하면서 단조로운 일상에서 탈출하여 이방인으로서 무한한 자유를 누리며, 또 다른 역사속의 유적과 문물들을 접하며 짧은 지식으로 글재주 없이 기록해 본 것이 이 책이 된 것이다.

나만의 여행 기록이 세상과 만나면서 아무쪼록 여행을 계획하는 많은 분들에게 조금이라도 기억에 남아 도움이 되길 바라며, 한평생 내 곁에서 함께 동락하며 여행을 다닌 내 안사람에게 이 책을 빌어 감사하다고 말하고 싶다.

2014년 갑오년을 보내며

상운 이 은 천

멕시코

멕시코는 북아메리카 남부와 중남미 북부에 길쭉한 삼각형 모양으로 자리잡고 있는 열대 또는 아열대 국가이다. 국토의 북단에서 남단까지는 3,000㎞ 넘게 뻗어 있고, 동서 가로 폭은 북부가 2,000㎞가 넘는 곳이 있는가 하면 남부는 테우안테펙Tehuantepec 지협의 폭은 220㎞ 이하까지 줄어드는 곳도 있다. 국토의 동쪽에는 멕시코만이, 서쪽에는 태평양과 인접해 있으며, 북쪽으로는 미국과, 남쪽으로는 벨리즈Belize, 과테말라Guatemala와 국경을 맞대고 있다. 국토 면적은 우리나라(100,210㎢)보다 약 20배가 넓은 1,964,375㎢로 세계 15위다. 인구는 2013년 현재 1억1천9백만 명에 이르며, 수도는 멕시코시티Mexico City이다. 국민

89%가 로마 가톨릭을, 6%가 개신교를 믿고 있으며, 인종별 구성비는 메소티
소(백인과 인디오의 혼혈인) 족이 60%, 아메리카 원주민이 30%, 백인이 10%를 차
지하고 있다. 언어는 에스파냐어Spanish語를 공용어로 사용하고 있으며, 일부
는 마야어Maya語를 사용하고 있다. 국가 공식화폐는 멕시코 페소(MXN) 화를
사용하고 있으며 2013년 기준 국민 1인당 GDP는 11,224달러로 세계 66위
다. 참고로 한국은 23,837달러로 세계 36위다. 시차는 섬머 타임 해제 때는 우
리나라보다 15시간 정도 늦다. 인터넷 국가 도메인은 MX이며, 정부 공식 홈페
이지 주소는 www.df.gob.mx이다. 국제 전화 통화 시 국가 코드는 +52이다.

멕시코 시티 Mexico City

멕시코의 수도인 멕시코시티는 서반구에서 역사가 가장 오래된 대도시들 가운데 하나로, 멕시코의 정치·경제 중심지이다. 16세기 이후 라틴아메리카 문화의 중심지이기도 하다. 20세기 말에 이르자 멕시코시티는 세계에서 가장 면적이 큰 도시가 되었으며 세계에서 가장 빨리 성장한 대도시권에 속하게 되었다. 멕시코 계곡 남부에 위치한 시는 산으로 둘러싸인 오래 된 평야에 자리 잡고 있으며, 옛날 호수에 있던 작은 섬들이 차츰 매립되어 하나의 큰 섬이 되었다. 열대기후이면서 높이 2,240m의 고지대 기후이기 때문에 겨울철이 없다. 날씨는 서늘하고 건조하며 연평균 기온은 18℃이다. 멕시코시티 Mexico City는 원래 아스텍 Aztec의 테노치티틀란 Tenochtitlan 시가 있던 중심부에 스페인 사람들이 건설한 계획도시다.

관광코스로도 널리 알려진 소칼로Zocalo 광장은 멕시코시티 시민들의 생활권 중심지이다. 아스텍 사원이 있던 곳 근처에 거대한 메트로폴리탄Metropolitan 성당이 있으며, 몬테수마Montezuma 궁전은 총독의 궁전(지금의 국민궁전)으로 바뀌었다. 지난 식민지시대의 시 중심부에서 남서쪽으로 뻗은 파세오 데 라 레포르마Paseo De La Reforma 도로는 시의 주요 도로이며, 아베니다 인수르겐테스Avenida Insurgentes는 시의 남과 북을 가로지르는 주요 거리이다. 인구의 대다수가 유럽인과 아메리카 인디언 사이의 혼혈 자손들(메스티소)로 구성되어 있으며, 주요 볼거리로는 국립왕궁, 테오티와칸Teotihuacan 신전, 과달루페Guadalupe 성당 등이 있다.

멕시코 시티

멕시코시티 소깔로 광장 멕시코

소깔로 광장Zoclo Square은 중남미 어느 나라에서나 볼 수 있는 멕시코시티의 중앙광장이다. 멕시코시티의 심장이라고 할 수 있는 소깔로 광장의 정식 명칭은 "헌법광장" 이다. 국가의 주요 행사는 모두 이 포석이 깔린 넓은 광장에서 행하여진다.

소깔로는 국가의 중심지이며 또 대중적인 문화가 번창하는 곳이다. 현대와 아즈텍Aztec의 유적이 함께 어우러져 실로 멕시코의 역사와 현재를 한자리에서 물씬 느낄 수 있는 곳이다.

원래 이곳은 옛날에는 호수였다. 소깔로 광장만 작게 돌출한 육지였는데 스페인이 멕시코를 점령한 후 이곳을 매립하여 도시를 건설했던 것이다.

"기반석" 이라는 뜻을 가진 소깔로는 1520년에 스페인 정복자 에르난 꼬르떼스Hernan Cortes가 만들었는데, 광장 주변의 파괴된 아스텍 건물들에서 가져온 돌로 포장을 했다고 전한다.

처음 이름은 1812년 스페인 카디스 헌법이 공포된 것을 기념하여 헌법 광장Plaza de la constitucion으로 불렀다. 그러나 1843년 산타 안나Santa Anna 대통령이 독립기념탑 기반석을 놓으면서 소깔로로 바꾸었다. 사방이 각각 240m나 되는 이 광장은 북쪽에 대성당, 동쪽에는 국립궁전, 남쪽에는 연방정부 청사가 자리 잡고 있는데, 스페인 식민지시대의 전형적인 도심 구조로 이루어져 있다.

소깔로 광장은 세계에서 두 번째로 큰 광장(모스크바 광장이 제일 큼)이다. 중앙에는 멕시코 국기가 휘날리고 있고, 주변에는 메트로 폴리타나 성당Cathedral Metropolitana과 대통령 궁전Palacio Nacioal이 광장을 둘러싸고 있다.

소깔로 광장에 있는 대성당은 1570년부터 1620년에 걸쳐 건립된 성당이다. 이곳에는 아즈텍 인의 희생된 해골이 묻혔던 장소라고 한다. 이 대성당은 라틴아메리카에서 가장 큰 교회이

▲ 메트로 폴리타나 성당 Cathedral Metropolitana.

다. 대주교구 성당으로, 3세기 동안 건축공사가 계속되어 바로크·이오니아·코린트·고딕·르네상스의 양식을 모두 들여다 볼 수 있는 건축 갤러리라 할 수 있다. 그리고 이 성당은 라틴 아메리카의 모든 성당을 관장하고 있다고 한다.

동쪽 광장에는 대통령궁(현재는 정부 종합청사)이 있다. 1530년까지 아즈택 왕궁 터였던 곳을 허물고 1531년에 새로 건립했다. 1979년에는 수로 공사 중에 땅속에서 8톤 무게의 대형 석관이 발견되기도 했으나 5년이 지난 1984년에야 일반에게 공개되었다. 스페인의 침략으로

▲ 소깔로 광장 앞.

지구상에서 완전히 사라져 간 아스텍 문화의 유적인 떼노치뜰란^{Tenochitlan}의 본전^{本殿} 자리가 이 곳이라는 추측이 되는 곳이기도 하다.

1562년에는 스페인 총독의 거주지이기도 했던 이곳은 1927년에 재설계되어 대통령실로 사용하게 되었다. 대통령의 중요한 연설이 대부분 이 건물의 발코니에서 이루어진다.

대통령궁 입구에는 이달고^{Miguel Hidalgo} 신부가 멕시코 독립선언을 할 때 타종했던 독립의 종이 걸려 있다. 매년 9월 15일 독립기념일에 이 종을 대통령이 타종한다고 한다.

그런데 아이러니한 것은 멕시코의 독립선언은 멕시코 원주민에서부터 시작된 것이 아니라

▲ 대성당 앞 광장.

멕시코에 와 있던 스페인 신부에 의해 시작되었다는 것이다.

광장에는 항상 멕시코 기旗가 펄럭이고 있다. 국기 문양에는 멕시코의 건국 전설이 담겨져 있다. 지금으로부터 7세기 전, 아티틀란^{Atitlan} 에 살던 아즈텍 족은 신의 계시를 받고 새로운 땅을 찾아 대이동을 하게 된다.

이때 아즈텍 족은 신으로부터 '독수리가 선인장 위에 앉아 뱀을 물고 있는 곳을 찾아 신전을 세우라.' 는 계시를 받는다. 14세기 중엽, 아즈텍 족은 마침내 그곳(오늘날의 멕시코시티)을 발견하게 되어 그때부터 이 종족은 아즈텍 족이 아니라 맥시칸^{mexican} 족으로 불렸다. 국가

▲ 대통령궁과 시청.

를 상징하는 국기와 동전에도 독수리가 선인장 위에 앉아 뱀을 물고 있는 문양이 새겨졌다고 한다. 이 문양은 현재까지도 멕시코의 상징이 되고 있다.

내가 이 광장을 찾아갔을 때는 관광객을 비롯하여 수많은 사람들이 모여 매우 혼란스러웠다. 번성했던 옛 아즈텍 문화를 재현하려는 축제인지, 머리엔 깃털을 꽂고 손엔 창과 방패를 든, 인디오 복장으로 용맹스럽게 분장을 한 무사들이 광장 여기저기에 무리지어 있었다. 매우 흥겨운 모습이었다. 매일 오후 5시 30분경에는 위병과 음악대에 의해 국기를 내리는 의식이 엄숙하게 거행된다고 한다.

▲ 넓은 광장 시청 옆 골목 정경.

▲ 멕시코 씨티 오페라하우스.

▲ 축제 분장의 인디오들.

▲ 넓은 광장 빌딩 거리.

과달루페 성당 멕시코

멕시코시티에서 가장 오래된 길인 〈신비의 길Calzada de los Misterios〉을 따라 북쪽으로 가면 시 경계선 부근에 과달루페의 성모로 유명한 〈과달루페 성당Bacilica de Guadalupe〉이 있다. 매년 수 십만 명의 성지 순례자들이 찾아오는 곳이다. 이곳은 포르투갈의 파티마Fatima, 프랑스의 루르드Lourdes와 함께 세계 3대 성모 발현지의 한 곳이다. 이곳이 다른 발현지보다 특별히 각광을 받는 이유는 발현한 성모마리아 상이 원주민 인디오 모습과 같은 갈색 피부에 검은 머리와 거무스름한 얼굴색을 가진 특이성 때문이다.

성모님이 이곳에 갈색 피부로 인디언 후한 디에고Juan Diego에게 발현한 것은 멕시코 인들이 온갖 핍박과 설움을 당하던 때였다. 이런 시기에 아메리카 대륙 중앙에 위치한 멕시코에 발현하여 그 전체의 신대륙을 하느님의 땅으로 선언하시기 위한 것으로 당시 멕시코 인들은 믿었던 것이다.

과달루페란 인디언의 언어로 "돌뱀을 쳐부수다." 란 뜻이다. 여기서 이 뱀은 아즈텍 인들이 섬기던 날개 돋친 신神 케찰코아틀Quetzalcoutl을 말한다. 당시 아즈텍 인들은 해마다 2만여 명 이상의 여자와 아이들을 피의 제물로 돌뱀 신에게 바치던 때였다. 그런데 성모님이 이 뱀신을 물리치고 인디언들을 구원했다는 것이다.

역사적으로 보아 과달루페의 성모의 발현은 한 민족에게 있어서 큰 영향을 미친 사건이다. 콜럼브스가 신대륙을 발견하자 유럽의 열강들은 서로가 앞 다투어 신대륙에 진출하고자 했다. 이 시기, 정복자들과 원주민들의 싸움은 대륙 전역에 걸쳐 일어났으며, 정복당한 민족들은 온갖 압제와 고난을 당해야만 했다.

23

▲ 1709년 바로크식으로 건축된 성당.

이후 스페인 군대가 들어오고 그리스도교가 전래되면서 교회가 설립되었다. 그러나 원주민들은 형식적으로만 가톨릭을 받아들였을 뿐 여전히 자신들의 토착 신을 숭배하고 있었다. 가톨릭 교단에서는 이처럼 그리스도교 전파에 많은 제약을 받게 되자 가톨릭과 현지 토착 종교와의 종교적 융합Syncretism을 위해 많은 노력을 기울였고, 과달루페의 성모는 그 대표적인 사례로 손꼽힌다.

싱크레티즘Syncretism이란 이질적인 종교와 문화가 합쳐지는 현상을 말한다. 다시 말해, 원래 그곳에 있었던 토착 종교에 새로 들어온 외래 종교가 착종되는 현상 속에서 발생되는 갈등을 조화롭게 공존시키고 다양한 학파의 사상들을 융합하는 것을 말한다.

▲ 새로 세워진 원형성당.

이러한 문화갈등의 혼란기에 과달루페 성모 발현의 기적이 일어난 것이다. 1531년 12월 9일 아즈텍 인 후안디에고는 멕시코시티에 있는 프란체스코 수도원 성당의 미사에 참석하기 위해 테페약Tepeyac 언덕을 넘어가고 있었다. 이때 성모마리아가 나타났는데, 그 모습이 갈색 피부의 원주민 여성의 모습이었다. 자신이 동정녀 마리아임을 밝히면서 "코아탈호페 Coatalxope=뱀을 물리친 여인이라는 뜻" 라는 이름의 성당을 그 장소에 건립하라고 전하고 사라졌다.

후안 디에고의 말을 전해들은 멕시코의 주교 〈후안 데 주마라Juan de Zumara〉는 이를 믿지 않았다. 성모님을 만난 증거나 징표를 가지고 오라고 했다. 후한 디에고가 성모에게 주교의 말을 전하자 성모는 징표로서 테페약 산에 올라가서 장미를 주워 주교에게 보이라고 말했다.

▲ 디에고의 틸마에서 성모님의 장미꽃 기적.

　그러나 그때가 12월이어서 날씨가 추웠다. 더구나 정상에는 돌이 많았기 때문에 장미꽃을 줍는다는 것은 불가능하게 느껴졌다. 의심을 잔뜩 품은 채 디에고는 산 정상에 올라갔다. 그런데 이게 웬 일인가? 거짓말처럼 정상에는 장미꽃이 피어 있었고, 디에고는 이를 따서 자신의 틸마멕시코인들의 겉옷에 담아 주교에게 보여주었다.

　틸마에는 멕시코에서는 자라지 않는 스페인 카스티야Castilla산 장미꽃이 폭포수처럼 쏟아졌

▲ 우물 성당.

다. 그리고 꽃을 쌌던 디에고의 틸마에는 성모님의 모습이 새겨져 나타나 기적이 일어났던 것

이다.

　그 순간 주교는 무릎을 꿇었다. 겨울에 핀 장미도 그랬지만 더욱 놀라운 것은 디에고의 틸마

에 새겨진 성모마리아 그림 때문이었다. 틸마에 새겨진 성모님은 거무스름한 황갈색 피부에

검은 머리를 한 인디오 여인과 같았으며, 머리에서 발아래까지 길게 내려온 청록색의 밝은 망

▲ 성모님이 발현했다는 테페약 언덕의 교회.

토를 입은 모습이었다.

그리하여 테페약 산 정상에는 성당이 세워졌고, 성화는 그 성당에 모셔졌다. 발현한 성모 마리아가 전한 〈코아탈호페Coatalxope〉는 에스파냐어로 〈과달루페Guadalupe〉로 발음하게 되어 이름이 지어졌다.

이 사실이 외부로 알려지면서 성당에는 순례객들의 발길이 끊이지 않았다. 멕시코 인들의 개종도 빠르게 진행되었다. 성모 발현 후 7년 만에 우상 숭배와 인신 제사를 지내던 멕시코인

▲ 세계 7대 불가사의 그림 중 하나인 과달루페 마리아상.

▲ 테페약 언덕에 조성된 갈색 피부의 성모마리아 상.

▲ 돛대 모양의 기념탑(항해하던 선원들이 풍랑을 맞나 성모님께 간절한 기도로 은혜를 받고 봉헌한 기념탑).

31

800만 명이 거의 대부분 가톨릭 신자로 개종했다. 이러다 보니 멕시코 전국 어디를 가도 성당마다 과달루페 성모님을 모시고 있고, 성당 이름도 과달루페를 명칭을 딴 성당이 수도 없이 늘어났다.

그런데 아이러니한 것은 스페인이 멕시코 식민통치를 위한 수단으로 이용한 〈과달루페 성모〉를 멕시코 인들은 독립운동은 물론 멕시코 혁명 때에도 성모님이 새겨진 휘장을 높이 들고 성모님이 새겨진 모자를 쓰고 앞장서서 민중의 커다란 구심점 역할을 하는 힘이 되었다는 것이다.

멕시코 인들은 백인의 성모마리아가 아닌, 자신들의 피부색을 닮은 갈색의 마리아에게서 잃어버린 어머니 신을 찾은 것이다. 비록 스페인 지배하에 전파된 종교지만 그들의 토착신과 잘 융합하여 자신들에게 맞는 새로운 종교가 탄생되었고, 문화를 통해 창조가 이루어진 셈이다. 이로 인해 과달루페 성당은 테페약과 함께 멕시코를 하나로 통합하는 상징이 된 것이다.

해마다 12월 12일엔 갈색 피부로 발현한 과달루페 성모를 참배하기 위하여 먼 시골마을에서 순례의 길을 나서 오체투지의 심경으로 걸어서 이곳까지 온다고 한다. 또한 고통을 통한 신앙훈련의 하나로 성당 정문 바깥에서부터 성모님을 모신 제단까지 묵주기도를 하며 무릎 걸음으로 기어 오기도 한단다.

내가 이 성당 앞 넓은 광장을 찾았을 때는 잉카문명과 스페인 건축 양식이 기묘하게 결합된 시계(종)탑과 주교님 앞에서 장미꽃 텔마를 펼쳐 보이는 조각상이 서 있었다. 이 지점에서 잘 정리된 〈테페약 언덕〉으로 걸어 올라가니 아담하고 자그마한 성당이 나왔다. 이 언덕을 오르는 석조 계단 주위에는 작게 흐르는 폭포와 디에고가 성모님을 만나는 장면을 형상화한 조각이 꽃과 함께 잘 어울러져 있었다. 검은 머리와 갈색 피부의 성모님 얼굴이 나에게도 강렬한 인상을 안겨주었다.

과달루페 성당은 수세기를 지나는 동안 시대의 흐름에 따라 변천을 거듭하면서 새롭게 건축 되어 지금의 현대적인 건물로 바뀌었다. 1709년 구 성당 양 옆으로 쌍둥이 타워를 웅장하게 지어올린 바로크식 성당 건물Old Basilica이 바로 그것이다.

▲ 교황 바오로 2세(4번이나 이곳을 방문한 교황은 2002년 7월 31일 후안 디에고에게 아메리카 인디언으로는 첫 성인으로 시성했다).

▲ 원형으로 건축된 새로운 성당과 구 성당.

　그런데 지반 침하로 마치 피사의 사탑처럼 왼쪽으로 기울어 붕괴의 위험이 나타나기 시작했다. 이 붕괴 문제를 해결하기 위해 1974년부터 2년 동안 새로운 성당^{Modern Basilica}을 건축했다. 새로 지은 성당 건물은 마치 큰 조개껍질을 엎어 놓은 듯한 형상의 엄청난 규모였다.

　멕시코의 유명한 건축가 페드로 라미레즈 바스케스^{Pedro Ramirez Vazquez}가 설계한 이 현대적 건물은 전체적으로 내부에 기둥이 전혀 없는 둥근 원형으로 설계 되어 있다. 그래서 실내 어디에서나 제단을 마주할 수가 있다. 성당 측의 기록에 따르면, 일만 명의 신도들이 의자에 앉

▲ 새로지은 성당 후면.

아 예배를 볼 수 있고, 임시의자를 놓으면 4만 명까지 동시에 미사를 올릴 수 있어 가톨릭 신자들에게는 새로운 순례지 명소로 손꼽히고 있다.

아즈텍 문명의 유적,
멕시코의 테오티와칸   멕시코

테오티와칸Teotihuacan은 멕시코의 자랑인 아즈텍Aztec 문명의 거대한 유적이다. 누가, 언제 축조했는지 확실하게 밝혀지지 않은 수수께끼 같은 유적, 그것이 바로 아즈텍Aztec 문명이다. 그렇지만 이곳이 종교와 관련된 고대 아메리카 대륙 원주민 도시였다는 데는 이의가 없다.

테오티와칸은 "신이 창조한 도시"라는 뜻을 지니고 있다. 멕시코 중부에서 가장 광대한 넓이를 가진 고대문화 중심지로 언급되기도 한다.

멕시코시티에서 북동쪽으로 50km 떨어진 해발 2,300m 지점에 있다. 중앙공원을 남북으로 잇는 중요한 지점에 있는 테오티와칸은 광활한 평원으로서 지정학적 위치가 절묘한 곳이다.

멕시코 계곡과 푸에불라Puebla 계곡을 이어주는 천혜의 통로에 위치해 있다. 신전의 자재로 쓰이는 흑요석黑曜石과 비옥한 농경지도 많아 강력한 제정일체의 도시를 형성하는데 적합한 곳이었다.

제사를 중요시했던 올메카Olmeca 문명을 이어받아 제단문화가 특히 발달했던 테오티와칸은 대략 AD 2세기경에 존재했던 것으로 추정된다. 광활하게 펼쳐져 그 위용을 자랑하는 유적지는 크게 케찰코아틀 Templo de Quetzalcoatl, 해의 피라미드Pyramid of the sun, 달의 피라미드Pyramid of the moon, 죽은 자의 거리Avenue of the Dead, 그리고 궁전과 주거 유적지 등으로 구성 되어 있다.

테오티와칸의 중심거리인 〈죽은 자의 거리Avenue of the Dead〉는 테오티와칸을 2개로 확연히 구분 짓고 있다. 피라미드는 이 길을 중심으로 양쪽에 건설되어 전체적인 도시의 윤곽이 이 길을 시작으로 설계되었다.

▲ 태양의 신전 Pyramid of the Sun.

 〈죽은 자의 거리〉는 길이 2.5km, 폭 45m의 길이다. 정확한 표현은 양축으로 늘어선 거대한 건축물 사이에 놓인 공간이 맞을 것이다. 이곳 지명의 유래는 왕을 묻었던 곳이라는 오래된 학설이 있다. 그러나 부장물이 없다는 이유로 학설은 인정을 못 받았고, 살아 있는 사람을 전통에 따라 제사에 바치려 제물을 운반한 길이었을 것이라는 주장이 유력하다고 한다.

 아즈텍 인들은 지진을 나타내는 제5의 태양시대에 살고 있다고 믿었기 때문에 태양이 사멸하고 우주가 멸망하는 것을 저지하기 위해 대규모적인 인신공희人身供犧를 행했던 것으로 밝혀지고 있다. 세계의 본질인 허무의 암흑과 싸우는 태양에게 인간의 피와 심장을 바쳐 활력을 주어 영원히 아스텍 시대를 지속시키려 했던 것이다.

▲ 죽은 자의 거리 Avenue of the Dead.

해의 피라미드Piramide of the sun는 높이 65m, 밑변의 길이가 225m에 달하는 거대한 축조물이다. 1년에 2번 태양이 이 피라미드 정상에 오는 날이 있어 그날이 되면 후광이 비치듯 피라미드가 빛난다고 한다.

이것은 태양의 피라미드가 춘분과 추분을 정확히 알려주는 시계의 기능을 수행해 왔다는 것을 의미한다. 또 이 시각에 피라미드 위에서 햇볕을 쬐면 황금과 승리, 무병장수, 번영을 보장 받는다는 전통적인 믿음을 가지고 있었다는 것이다.

해의 피라미드는 이집트의 쿠푸Khufu 왕과 네페릴의 카라Kara 왕의 피라미드에 이어 세계에

▲ 달의 신전 Pyramid of the Moon.

서 3번째로 크다고 한다. 다른 점은 정상이 평평하다는 것이다. 그 이유는 태양신을 섬기며 제사를 지내야 했던 종교적 의식을 위한 제단으로 사용했기 때문이다.

4층으로 이루어진 〈달의 피라미드 Pyramid of the moon〉는 해의 피라미드보다 규모는 작지만 해의 피라미드보다 높은 지역에 위치해 있어 그에 못지 않게 웅장하고 신비한 모습으로 우뚝 솟아 있다. 실제로 대규모의 종교행사는 달의 피라미드를 중심으로 행해졌다고 전해진다. 이곳에서 다량의 유해가 발견되어 인신공희가 이루어졌으리라고 학자들은 추정하고 있다.

달의 피라미드 정상에 오르면 〈죽은 자의 거리〉를 중심으로 광활한 평원 위에 세워진 테오

▲ 달의 신전 앞 광장.

티와칸의 광대한 유적들이 한눈에 들어온다. 조금이라도 신에게 다가가 소통하기 위해 신전을 계단식으로 온갖 정성을 다하여 높게 축조하고, 인간의 심장과 피를 제물로 해마다 바쳐야 세계가 지속된다는 것을 그들은 믿어 왔던 것이다. 인간의 능력을 초월한 고대 사회의 대역사가 경이롭고 절대적인 테오티와칸 인들의 신앙이 불가사의할 뿐이다.

사방이 성벽으로 둘러싸여 있는 케찰코아뜰 신전 Templo de Quetzalcoatl은 중앙아메리카에서 가장 보존상태가 좋은 고고학적 가치가 높은 신전이다. 기원 250년쯤 건축되었을 것으로 추측

▲ 케찰코아뜰Quetzalcoatl 신전과 부조물.

되는 이 신전은 6단으로 이루어져 있다. 전면에 케찰코아뜰Quetzalcoatl=깃털 달린 뱀과 뜰락록Tlaloc= 비의 여신의 조각들이 부착되어 있다. 그 외 여러 가지 형상의 부조물들이 장식되어 있다.

"깃털 달린 뱀"으로 불리는 케찰코아뜰은 아주 먼 고대로부터 아즈텍 인들에게는 전지전능한, 위대한 신으로 모셔져 왔다. 그는 고대의 멕시코인들로부터 천상의 신으로 세계의 창조주고 인간을 만들었으며, 현명한 입법자이자 우주의 질서를 유지하고 세계와 인간의 생멸주기生滅週론를 결정하는 신으로 여겨져 왔다. 거기다 뱀은 하늘과 땅속, 인간세상을 자유롭게 오가며

▲ 케찰파팔로틀 Quetzalpapalotl.

신과 인간을 연결해 준다고 생각했기 때문에 고대 멕시코 유적에서는 뱀을 숭상한 혼적이 많이 발견된다.

테오티와칸에서 가장 특이하고 우아한 건축물은 케찰파팔로틀Quetzalpapalotl이다. 비교적 보존이 잘 되어 있다는 이 축조물은 달의 피라미드에서 얼마 떨어지지 않은 곳에 있다. 이곳은 달의 피라미드에서 제례를 관장하던 신관들의 거주지였을 것으로 추정되고 있다.

궁전 같은 이 신전의 안마당에는 육중한 기둥에 밝은 색깔로, 정교하게 새겨놓은 돌조각들이 유난히 눈길을 끈다. 고대문자 같기도 한 기하학적 그림들은 〈케찰 나비〉로 추정되고 있

▲ 양쪽 유적과 주위에 분포된 주거지.

다. 케찰파팔로틀은 나와틀^{Nahuatl}어로 케찰 나비를 뜻하며, 케찰 나비는 신화적 여신으로 물의 숭배와 관련된 상징적 요소이다. 사방 귀퉁이가 많이 허물어지기는 했으나 둘레에는 퇴색된 뱀 그림이 몇 겹으로 덧칠해져 있고, 건물의 구조와 정교한 건축양식으로 보아 고위 사제이자 단체의 우두머리인 도시지배층의 주거지였음을 짐작하게 한다.

이렇게 광대하게 축조된 테오티와칸은 단지 신들을 위한 도시만은 아닌 것 같다. 〈죽은 자의 길〉 양쪽 지평에 넓게 분포되어 있는 제사장과 민간인들의 주거 유적지를 보면 확실히 실용성 있게 설계되었다는 것을 뒷받침해 준다. 크고 작은 집터마다의 상하수도, 증기 목욕탕

▲ 케찰파팔로틀Quetzalpapalotl 기둥의 부조물.

시설 등 오늘날 가옥 구조에서나 볼 수 있는 편의시설의 흔적들이 계획도시였다는 것을 증명하기 때문이다.

테오티와칸 안에는 아름다운 벽화로 장식된 신전도 있다. 이것은 신관, 점성가 등 많은 엘리트 집단 역할을 했던 듯하며, 주위의 농촌이나 위성 도시의 주술적 문화가 번성하여 평화로웠던 것으로 짐작이 된다.

그러면 이 도시가 왜 7세기 중반 자취를 감추며 살아져버렸을까?

이유의 하나는 외침에 의해 사라졌을 것이라는 시각과 사회체제가 귀족계급의 등장으로

▲ 뒤에서 본 태양의 신전.

신관계급이 몰락했을 것이라는 데 멸망의 원인을 두고 있다.

그렇지만 테오티와칸의 시작과 붕괴에 대해서는 학설과 주장만 무성할 뿐 아직까지 명확한 해답은 없다. 이처럼 풀리지 않는 많은 수수께끼를 간직하고 있음에도 불구하고 세계 도처에서 관광객들은 계속 몰려오고 있다. (참고로 테오티와칸은 1987년 유네스코에서 세계문화유산으로 지정한 바 있다)

▲ 테오티와칸 중심거리 끝의 광장.

▲ 테오티와칸의 중심거리.

마야유적, 치첸이사   멕시코

치첸이사는 유카탄 반도 카리브 해의 해변도시 칸쿤^{Cancun}에서 205km 떨어진 건조한 석회
암지대 밀림 속에 위치해 있는 마야 유적이다.

치첸이사^{chichen Itza}라는 이름은 마야어로 "우물가 마녀가 살고 있는 집" 이라는 뜻이다. 마야
후기(900~1152년)에 걸쳐 건설된 멕시코 유카탄 주의 핵심 유적으로서 마야문명의 중심지
며 종교적 성지이다.

스페인 정복시대에도 여전히 마야 인의 성지로 존속해 왔으며 8㎢의 넓은 지대에 걸쳐 있
다. 이 안에는 카스티요^{El Castillo}, 전사의 신전^{Temoo de Los Guerreros}, 구기경기장^{Juego de Pelota}, 세노
테^{Cenote} 등 많은 유적이 잘 보존 되어 있어 1988년 유네스코에 의해 세계문화유산으로 등록되
었다.

카스티요^{The Castle=성이라는 뜻}는 마야 인들의 예술적 건축기술과 천문학적 지식을 활용하여 구
조물을 역법에 맞게 지은 24m 높이의 캐슬 피라미드를 말한다. 마야문명의 집적체^{集積體}라 할
수 있다. 뛰어난 이 신전은 〈쿠꿀칸^{Kukulcan=날개 달린 뱀신}〉을 위해 지어졌다. 밑변 길이가 55m인
정사각형의 기초 위에 세워져 있으며, 완벽한 천문학적 디자인을 갖추고 있다. 동서남북으로
난 4면에 91층의 계단과 맨 꼭대기 중앙에 있는 한 층이 더해져서 총 365개로 1년의 날수를
말해 주고 있다.

피라미드 계단부 표면에는 52개의 패널이 붙여져 있다. 이것은 마야 신성 주기인 52년을 주
기로 해와 달이 근접했다 멀어지기를 반복한다고 믿어 새로운 땅을 찾아 이동한 의미를 갖고
있다.

4면에 있는 9개 층단은 다시 2분 되어 18개의 단으로 나뉘어져 있다. 이것은 마야 달력의

▲ 엘 카스티요티 Castillo 신전.

18개월을 상징한다. 마야의 달력은 한 달이 20일, 1년이 18개월, 마지막 남은 5일은 불길한 날이라 해서 농사도 짓지 않고 조용히 보냈다고 한다.

북쪽을 향하고 있는 계단 아래 부분에는 쿠꿀칸 Kukulcan 을 상징하는 2개의 뱀 머리가 조각되어 있다. 하루의 낮과 밤 길이가 똑 같은 춘분과 추분 날 오후 4시가 되면 햇빛을 비켜 받은 그림자와 햇살이 오묘한 조화를 이뤄 생동하는 뱀의 환영을 만들어 낸다고 한다.

고대의 마야 인들은 태양과 함께 뱀을 신성시했다. 그들이 살아가는데 필수 요건이었던 물을 상징하는 동물로 뱀을 생각했던 것이다. 그래서 어디를 가든 뱀 형상을 조각해 숭배했다.

▲ 뱀의 환영을 일으킨다는 엘 카스티요 계단 난간.

〈쿠꿀칸〉이라는 말도 뱀이라는 뜻을 지닌 마야어이다. 아즈텍 인들은 케찰꼬아틀Quetzalcoatl이라는 깃털 달린 방울뱀을 숭배했는데, 이 뱀은 언젠가 자신들을 풍요롭고 행복하게 만들어준다고 믿었던 모양이다.

〈전사의 신전〉은 태양신에게 다가오는 재앙의 파국을 지연시켜 달라는 뜻에서 인간의 심장과 피를 항상 제물로 바쳤던 제단이다. 1000개 이상의 기둥과 36개의 계단으로 장식되어 있다. 전사의 신전은 그 규모만으로도 당시의 위엄을 상상할 수 있을 만큼 어마어마하고 거대했다.

▲ 전사의 신전 Tempo de Los Guerreros(둥근사각 안의 그림은 〈전사의 신전〉 상부 석상을 확대한 것임).

신전 맨 위 중앙에는 인간의 육신을 제물로 바쳤던 〈챠끄몰Chacmool〉이라는 석상이 마련되어 있다. 전면과 주위에는 많은 돌기둥들이 나란히 세워져 있다.

챠끄몰이란 전사의 신전에서 피의 제전이 벌어질 때 신에게 바칠 인간의 심장을 올려놓던 석조의 제상이다. 양손은 배 앞으로 빈 접시를 받치고 있는 형상을 하고 있는데, 이는 배 앞에 들고 있는 접시가 제물이 아직 살아있을 때 잘라낸 신선한 심장을 올려놓는 곳이다. 죽음의 아픈 슬픔과 신과 교감하는 기쁨 등 묘한 분위기를 풍기는 이 신전이 수많은 사람들의 심장과 피를 제물로 바친 의식의 중심지라는 것을 느꼈을 때 나의 가슴 속으로 이상한 감정이 흐르고

▲ 전사의 신전 Tempo de Los Guerreros의 석주.

지나감을 느꼈다.

　고대 마야의 문명에서, 마야 인들은 공통적으로 우주에는 태양의 주기가 5번 있다고 생각
했던 것 같다. 인간이 창조된 후 그 중 4번의 주기는 이미 지나갔고, 지금의 인류는 마지막 주
기에 살고 있다고 그들은 믿었던 것이다. 힘겹게 우주를 이끌고 있는 5번째의 태양에게 언제
찾아올지 모를 불가피한 파국을 조금이라도 지연시키기 위하여 태양신 〈토나티우Tonatiuh〉에
게 인간의 심장과 신성한 피를 바쳐야 한다고 그들은 믿었던 것이다. 그래서 가장 힘센 사람
의 뜨거운 심장을 구해야 했고, 또 힘센 사람을 찾아내는 방식이 바로 〈펠로타Pelota〉 경기장

▲ 구기 경기장 Juego de Pelota.

에서의 볼 게임Ballgame 곧, 공놀이였다.

　이런 악행은 비단 이곳 마야와 똘떼카에만 국한된 것이 아닌 전 유카탄 문명의 공통된 악습이었다. 펠로타 구기장Ballcourt은 태양신을 위해 심장을 바칠, 말하자면 강한 자를 인신제물人身祭物로 바치기 위해 선발하는 공놀이Ballgame 구장이었던 것이다.

　치첸 이사 내에서도 관심이 가장 높은 이 경기장은 길이 146m, 폭 36m로 중앙아메리카에서도 최대 규모이다. 비교적 형태가 깨끗하게 보존되어 있어 마야문명의 역사적 유적으로 각광 받고 있다.

▲ 석벽 밑 부분에 조각되어 있는 뱀 조각.

양쪽 석벽의 상부는 수직이고 밑은 약간 경사진 듯했다. 그리고 밑 부분엔 전형적인 마야의 깃털 장식과 동물 가면을 쓴 병사들의 모습이 선명하게 조각되어 있었다. 뱀의 모습과 수많은 상형문자 그리고 코에 뼈 조각을 끼운 무섭게 생긴 토인이 사람의 목을 자르는, 선혈이 뚝뚝 떨어지는 잔인한 장면이 리얼하게 그려져 있었다. 경기장 좌우에는 군중이 관람하는 많은 관중석과 석벽 중앙의 약 7m 높이에 구멍 뚫린 큰 동전 모양의 〈링〉 형태가 돌로 조각해 돌출되어 있어 유난히 눈에 들어왔다.

경기방식은 7명이 한 팀이 되어 고무공을 팔꿈치·무릎·등·엉덩이만을 사용하여 경기를

▲ 7m 높이의 석벽에 돌출된 링.

▲ 섬뜩하게 조각한 해골들.

벌었다고 한다. 공이 단단했기 때문에 벽의 반동과 몸에 보호 장구를 착용하고 현대 농구와는 근본적으로 다르게 경기를 펼쳤던 것 같다.

높게 돌출된 돌조각 링 속으로 공을 넣기란 신기에 가까운 기술이 아니면 불가능해 보였다. 그런데 이러한 경기는 오락으로 즐기기보다는 희생의 제물을 구하고 선발하는 종교적 제례의 성격으로 의미를 부여해야 된다는 것이 비극적이다. 경기에서 진 팀 선수들은 이긴 팀 선수들에 의해 현무암 칼로 죽임을 당하고, 이긴 팀 주장 역시 주저없이 자기 심장을 태양신에게 바쳤다고 하니, 이긴다는 것의 참의미는 무엇일까?

예로부터 승자를 희생의 제물로 삼는 유례는 희귀한 것인데 태양을 신성시하는 마야 인들

▲ 제규어 신전(둥근 사각형 안의 사진은 제규어 신전 입구에 있는 석상을 확대시킨 모습).

에게는 특별한 우주관이 계승되어 힘 센 자의 피를 신에게 바치는 것을 영광으로 여겼다는 것이 현대인의 시각에서 불가사의하다. 어찌 보면 이런 불가사의한 종교의식을 빙자하여 왕권을 위협할 수 있는 세력을 사전에 제거하는 음흉한 수단이 되었는지도 모른다는 생각이 들었다.

경기장 옆 〈쏨반뜰리Tzompantli〉는 4각형의 돌 벽돌로 낮게 쌓아져 있었다. 그 위에 이빨을 드러낸 무시무시한 해골들이 다양한 형상으로 무섭게 조각되어 있다. 현재는 밑 부분만 엉성하게 돌조각을 축조해 놓아 섬뜩해 보였지만 당시는 제물로 바쳐진 머리 부분만을 갔다 기념

▲ 제규어 신전 돌조각.

했을 것이라는 추측을 혼자 해보았다. 이것은 결국 죽은 시신을 갖다버린 일종의 시체 처리장이라고도 할 수 있는 곳이다. 자신의 몸을 제물로 바친, 경기에서 승리한 숭고한 희생자들의 영광스런 죽음을 추념하고 대중들에게 영원히 기리기 위하여 벽면에 부조한 것이 바로 이 〈쏨반뜰리Tzompantli〉가 아니었던가 하는 생각이 들었다.

비의 신 챠크Chac가 산다고 여겼던 〈쎄노테Cenote〉는 희생의 샘, 성스러운 샘이라고도 불린다. 지름 약 60m, 깊이 30m의 석회암지대에 있는 자연 연못이다. 기괴하게 침식된 석회암 벽과 거의 썩은 물에 가까운 짙은 녹색의 샘물은 이곳의 음산한 역사를 모르는 사람이라도 으스

57

▲ 비의 신 챠크Chac가 산다고 여겼던 쎄노테Cenote.

스한 분위기에 오싹함을 느끼게 했다.

　이곳을 성지로 여긴 마야 인들은 가뭄이나 흉년이 들면 기우제를 겸해 비의 신 챠크에게 성인식을 치른 15세 여자 아이를 선택하여 제물로 인신 공양을 하였던 곳이다.

　실제로 쎄노테 연못을 제전으로 활용하여 농사를 지을 물을 대는 저수지 기능을 한 제전으로 활용했는가를 조사하기 위하여 미국 영사로 부임한 에릭 톰슨Eric thompson이 1924년 발굴 작업을 실시한 결과 챠크 신상 모형과 각종 유물들이 소녀들의 유골과 함께 발견되었다고 한다.

 중남미 여행기

휴양지, 칸쿤 멕시코

칸쿤Cancun은 유카탄 반도의 북동부에서 카리브 해에 있는 대규모 휴양지이다. 눈이 시릴 만큼 푸르른 하늘과 산호 가루로 형성된 순백색의 눈부신 모래사장과 에메랄드빛 물결이 잔 잔하게 넘실대는 아름다운 해변 도시다. 〈칸쿤〉이란 말은 마야어로 뱀을 뜻한다고 한다. 칸 쿤이라는 지명은 원주민이었던 마야족의 언어로 칸쿠네Cancune를 줄여 말하는 것이고, 이는 "무지개가 끝나는 곳에 있는 매."라는 의미를 지니고 있다고 한다.

과거 스페인 식민지 시절의 칸쿤은 해적들이 자주 출몰하고 주민이 100명도 안 되는 조그 만 고기잡이 모래 해변 마을이었다. 〈L〉자형 모양의 길쭉한 이 산호섬은 1970년대 멕시코 대

▼ 멕시코 최고의 휴양지 칸쿤Cancun의 모래사장.

▲ 멕시코 최고의 휴양지 칸쿤Cancun의 모래사장.

통령 로페스 포르티요Jose Lopez Portillo 집권기에 본격적으로 대규모 관광지로 개발하기 시작했다. 너비 400m 정도밖에 안 되는 좁은 긴 섬 위에 시설이 완비된 초현대적 호화 호텔들이 해변을 따라 지어졌고, 섬 양쪽 끝이 뭍과 연결되면서 이 위에 들어선 초호화 시설들이 훌륭한 휴양지로 탈바꿈했던 것이다.

이제는 전 세계 호텔 체인을 이곳 칸쿤에서 만날 수 있게 되었고 옛 정취는 사라졌다. 150 여 개의 호텔과 리조트가 흡사 성벽처럼 해변을 둘러싸고 있는 해안도로를 달리다 보면 아쉽게도 바다보다는 호텔 외관과 각종 인테리어에 시선이 집중된다. 빼곡한 호텔지역은 칸쿤의

▲ 허니문의 상징으로 군림한 칸쿤Cancun의 해변 정경.

트레이드마크로 자리매김 했고 그 화려한 유명세에 힘입어 칸쿤은 휴양과 허니문의 상징으로 군림했다. 비행기를 타고 창으로 내려다보면 하얗게 밀려드는 카리브 해의 파도가 아름답다. 몰디브의 바다처럼 연둣빛 라군석호으로 채색되어 있지는 않지만 해변의 규모에 있어서는 단연 압권이다.

　멕시코의 모든 해변은 개인 소유가 아니기 때문에 누구나 즐길 수 있다. 맑은 물과 하얀 모래사장, 알맞은 기온과 깨끗하고 아름다운 시설, 그리고 수많은 호텔과 비치가 물에 잠길 듯이 줄지어져 있다.

쿠바

쿠바Cuba는 카리브Caribe 해에 있는 가장 큰 섬과 인근 섬들로 이루어진 아메리카 유일의 사회주의 국가이다. 수도는 아바나Havana이며 공용어는 에스파냐어Spanish語이다. 지리적으로 북아메리카 권에 포함되지만, 광의의 중앙아메리카에 권에도 포함된다. '아메리카 합중국의 뒷마당' 이라고 불리기도 하지만, 뒷마당이라기보다는 오히려 유럽과 라틴 아메리카를 연결하는 요로에 있다. 1902년 5월 20일 스페인 식민지 치하에서 독립했으며 국토 면적은 우리나라(100,210km²)보다 10,650km² 넓은 110,860km²로 세계 106위다. 인구는 2013년 기준, 우리나라 경기도와 비슷한 수준인 1천1백3십여만 명으로 세계 77위. 국민 65.1%가 스페인계 백인이고, 24.8%가 메스티소(인디언과 유럽인 혼혈)나 물라토(중남미 백인과 흑인 혼혈) 같은 혼혈인, 10.1%가 흑인이다.

국민 1인당 GDP는 2013년 기준 10,200달러로 세계 73위. 참고로 한국은 23,837달러로 36위. 오랫동안 스페인 식민지였기 때문에, 다른 라틴 아메리카Latin America 국가들처럼 스페인어Spanish語를 공식 언어로 사용한다. 쿠바를 찾는 여행객들이 가장 많이 이용하는 국제공항은 아바나의 호세 마르티Jose Marti 국제공항이며, 대부분의 국제선이 이곳에서 출발하고 도착한다. 국가 공식 화폐는 페소 쿠바노Peso Cubano와 외국인 관광객이 주로 사용하는 페소 콘베르티블레Peso Convertible 두 종류의 화폐를 사용하며, 보조 화폐로는 센타보Centavos를 사용한다. 시차는 우리나라보다 14시간 정도 늦다. 인터넷 국가 도메인은 cu이며, 국제 전화 통화 시 국가 코드는 +53이다.

최고의 휴양지, 바라데로 Varadero   쿠바

쿠바 최고의 휴양지 바라데로 Varadero는 수도 아바나에서 동쪽으로 160km 떨어진, 자동차로 약 2시간 거리에 있는 이까꼬스 반도 Peninsula de Hicacos에 위치해 있다. 이곳은 아름다운 카리브 Carib 해의 파란 바다와 20km에 달하는 고운 모래사장이 매력적이다. 바라데로는 폭이 약 300~500m, 길이 26km의 가늘고 긴 독특한 반도로 형성된 지형이므로 한가운데로 난 길을 달리다 보면 좌우로 모두 푸른 카리브 해의 환상적인 바다를 바라다 볼 수 있다. 미국의 경제 봉쇄로 극심한 경제난을 겪는 가난한 나라지만 과거와 현재가 공존하는 쿠바의 내면에 이방인을 압도하는 멋과 분위기가 그윽하게 넘쳐나는 곳이다.

이곳에는 수많은 다이빙 장소와 멋진 레스토랑, 나이트클럽 등이 곳곳에 마련되어 있다. 또한 바라데로를 둘러싸고 10개의 작은 섬들이 옹기종기 모여 있다. 이곳에는 40종이 넘는 산호초와 다양한 종류의 물고기 등이 휴양객들에게 더할 나위 없는 즐거움을 준다. 주요 볼거리는 시립박물관(Museo Municipal), 호소네 공원(Parque Josone), 암브로시오 동굴Cueva de Ambrosio, 바라데로 국립공원Parque Natural de Varadero 등이 있으며, 이 중 반도의 끝에 위치한 바라데로 국립공원은 나무와 선인장들로 가득 차 있는 자연공원이다.

아바나와 주변 풍광   쿠바

야자수 그늘과 하얀 모래사장이 조화롭게 어우러진 카리브 해의 바라데로^{Varadero}에서 1박을 하며 여독을 푼 우리 일행은 쿠바의 수도 아바나로 향했다. 비교적 포장이 잘된 고속도로를 1시간 30분쯤 달렸을까? 가이드는 휴게소로 차를 돌려 잠시 주변 풍광을 감상하게 했다.

밀림이 우거진 협곡^{峽谷} 속에 아찔하리 만큼 높고 웅장한 다리가 눈앞에 펼쳐졌다. "마탄샤스의 약속"이라 불리는 이 다리는 아바나^{Habana}와 마탄샤스^{Matanzas}의 경계인 바쿠나야구아^{Bacunayagua} 지역에 위치해 있다. 높이 112m, 길이 313m로 쿠바에서는 가장 높고 아름다운 다리라고 한다.

다른 낙후된 지역과는 달리 아바나에서 마탄샤스를 경유해 바라데로로 이어지는 도로를 고속화시킨 것은 쿠바의 사회주의라는 체제 하에서도 관광산업만은 유독 치중하여 외화를 벌어들이려는 국가시책이었을 것이다. 다 같이 평등하게 잘 살아보겠다는 공산주의 국가에서도 돈에는 이념의 차이가 없는 것을 느꼈다.

바쿠나야구아 다리는 마탄샤스에서 아바나로 가는 도로에서 얼마 떨어지지 않은 곳에 세워져 있다. 마탄샤스^{Matanzas}는 우리나라 한말^{韓末}의 못 살았던 시절, 이민역사의 서러운 사연들을 간직한 곳이기에 그 시절 이민의 아픈 기억들이 눈앞을 스쳐갔다.

마탄샤스는 1905년_{을사늑약이 체결된 해} 영국 국적을 가진 마이어스^{John G.Mayers}라는 상인과 일본 이민회사의 하나타 데루마케_{白向輝武}의 농간에 말려 1,033명의 조선인들이 4년간의 노동계약을 맺고 멕시코 유카탄^{Yucatan} 반도의 에네켄선박 밧줄용 섬유를 생산하는 선인장 농장으로 떠나는 데서부터 시작된다.

그들은 4년간을 모집 당시 계약대로 하나도 이행된 것 없이 거의 노예처럼 생활했다. 마침

▲ 바쿠나야구아 Bacunayagua Brige 다리.

내 계약이 끝나 자유는 얻었지만 실질적인 소득도 별로 없이 막상 오갈 데가 없게 되었다.

이국땅에서 경제적인 어려움이 계속되자 쿠바와 과테말라 등으로 각각 헤어지게 되었다. 그런데 그 중 288명이 여기 마탄샤스와 카르테나스의 에네켄Henequen 농장에 취업하게 된다.

1933년 세계적인 경제공황이 몰아치자 쿠바 당국은 자국인을 보호하기 위해 노동법을 개정하며 외국인을 강제로 추방하고자 했다. 이에 이민자들은 〈대한국민회〉를 설립하고 상해 임시정부에 독립자금을 보내는 등 모국에 대한 사랑과 민족의 결속을 다졌다.

▲ 바닷가 유전지대의 착유기 搾油機.

1959년 카스트로의 사회주의 혁명이 일어났다. 그러자 모든 생산수단과 재산이 국유화되었고, 이민자들은 혁명을 지지했다. 그러나 무작위적인 평등화가 쿠바화를 재촉하였고 결국 한인공동체가 해체되었다.

1995년 〈한인후손회〉가 다시 설립되어 오늘에 이르고 있는데, 안타깝게도 현재의 회원들은 이민 3~4세들로서 한국어는 몇 개의 음식 단어만 기억할 뿐 시간이 지날수록 잊혀져 간다고 한다. 그들은 우리말과 글을 배우기를 그들은 희망하고 있다. 그렇지만 쿠바에서는 국가 교육을 민간단체가 운영할 수 없다. 그러므로 한글학교를 설립할 수도 없고, 안타깝게도 한국

▲ 까피톨리오 Capitolio.

과 수교도 되지 않으므로 지원도 할 수 없다고 한다.

우리들 일행을 실은 버스는 오른쪽으로 카리브 해를 끼고 계속 달려 나갔다. 유전지대인 듯, 바닷가 모래사장에 대형 착유기가 보여 신기했다. 왼쪽으로는 중국어로 된 간판이 눈에 들어왔다. 규모는 그리 크지 않은 공장이었으나 한자를 쿠바에서 본다는 것이 의외롭게 느껴졌다. 아마도 같은 체제의 공산국가들이어서 원활한 기업진출이 이루어진 듯했다.

버스는 아바나 시가지로 들어서면서 제일 먼저 중심지역에 있는 까피톨리오 Capitolio Nacional 건물 앞에 정차했다. 이 건물은 미국을 등에 업은 포악한 독재자 〈헤라도 마차도 이 모랄레스

69

▲ 아바나 대극장 Gran Teatro de La Havana.

Gerado Machado y Morales〉 대통령이 국회의사당으로 건축한 건물이었다. 수천 명의 노동자들과 수백 명의 건축가를 동원해 단 3년 만에 완공한 건물이라고 했다. 1929년 거대한 축하쇼와 함께 화려하게 오픈했다는 이 카피톨리오는 미국 워싱턴의 국회의사당과 흡사했다.

전체의 건물 규모에 비해 중심 돔이 너무 크고 도드라져 비율이 맞지 않은 듯했다. 그렇지만 워낙 높이 솟은 돔의 위용이 사방에서 방향감각을 잡아주는데 일조를 했다. 그러나 권력은 무상한 것. 4년 후인 1933년 8월, 모랄레스는 육군하사관인 〈플랜시오 바티스타Fulgencio Batista〉의 쿠데타로 제거되고 바티스타 정권은 26년간 군사정부로 장기집권하게 된다.

이 건축물은 1959년 혁명이 일어나기 전까지 국회의사당으로 사용되었다. 그러나 지금은

▲ 쿠바 구시가지 골목 풍경.

쿠바의 과학재단Cuban Academy of Sciences이 소재해 있고, 국립자연사 박물관The National Museum of Natueal History도 들어가 있어 일반인에게 개방되고 있다. 미국의 워싱턴을 그대로 아바나에 모방하고 재현해 제국주의자들의 추종의 욕구를 실현하기 위한 포석이었을까? 어쩔 수 없는 식민지시대의 아픈 유산이지만 여전이 그 웅장한 건축미에는 압도당하게 되고 경탄이 절로 나왔다.

카피톨리오Capitolio Nacional 옆에는 아바나 대극장이 있다. 외부가 화려하고 중후했다. 이 대극장은 아메리카 대륙에서 가장 오래된 역사를 지녔다. 1915년, 건축가 파울 벨라우Paul Belau가 설계하고 완공해 베르디의 오페라공연을 시작으로 문을 열었다.

▲ 아바나 대성당 Catedral de la Havana.

쿠바 당국은 1800년대에 들어와 이 타콘 극장Teatro Tacon을 허물어버리고, 그 자리에다 네오바로크 양식으로 새 건물을 건축했다. 이 새 건축물은 쿠바에서는 센트로 갈레고 궁전Palacio de Centro Galle으로 더 잘 알려져 있다. 유독 주위의 다른 건물과는 차별화되어 여행자의 눈길을 사로잡았는데 외관이 석축과 대리석으로 조밀하게 조각되어 중세 유럽의 유물을 대하는 것 같았다. 건물 앞 벽면에 아바나를 상징하듯 조각 여신상이 있어 정말 인상에 남았다.

내가 중남미 여행을 계획하면서 정말 많은 기대를 갖게 한 항구도시 아바나. 카리브 해의 섬나라이자 쿠바의 수도인 이 도시는 사회주의 체제이면서도 낭만적인 음악과 정열적인 살

▲ 점심에 경쾌한 음악을 선사해준 연주자들(슬그머니 들어와 연주하고 물론 팁은 주고).

사댄스를 자유롭게 일상에서 표출할 수 있는 도시였기 때문에 평소에도 나는 이 도시에 대해 관심이 많았다. 아바나의 구 시가지에는 스페인 식민지 시절에 지어진, 신고전주의가 혼합된 바로크풍의 고색창연한 건물들이 많이 남아 있어 아르마스 광장과 함께 많은 연륜을 말해주는 듯했다. 사탕수수농장 경영을 위해 많은 아프리카 흑인 노예들을 강제 이주시켜 개척했던 다문화 속의 아픈 역사를 지녔기에 수많은 풍파를 감내해야 했던 주민 또한 대다수가 혼혈인들이었다.

아바나의 상징이라 할 수 있는 이 대성당은 산 크리스도발 성당Catedral de San Cristobal으로도

▲ 팽이 치는 아이들(옛날 우리나라 어린이들의 나무로 깎은 팽이와 똑 같았다).

불렸다. 18세기 바로크 양식으로 건축된 이 성당은 아바나의 옛 주인 산크리스토발을 기리기 위해 예수회가 1748년 착공해 1777년 완공되었다고 했다. 한때 수사들이 살면서 곡절을 겪기도 했지만 1787년 성당으로 승격되면서 위엄을 갖추게 되었다. 좌우 첨탑이 비대칭으로 건축되었으나 우아한 정면과 벽감壁龕으로 장식되어 아바나에서는 가장 역사적인 건물로 꼽히고 있다.

성당 안 중앙 홈에는 아메리카를 발견한 크리스토퍼 콜럼브스Christopher Columbus의 유해가 1796년에서 100년 동안 안치되어 있었다. 그러다가 1898년, 스페인의 세비야로 보내졌다고

▲ La Bodeguita Del MEDIO(헤밍웨이가 즐겨 찾던 술집_모히토 '칵텔을 좋아했다'고 한다).

하는 기념비가 서 있다. 성당 앞 넓은 광장에는 외국 관광객들이 많았다. 그들 중 점을 봐주는 할머니와 꽃 장식을 한 여인들이 같이 사진 촬영을 유도하고는 팁을 요구했다.

　마요로 광장의 외편 골목을 조금 들어가면 〈산 프란시스코 교회Basilica Menor de San Francisco de Asisi〉가 나온다. 이 교회는 설립된 지가 무척 오래되었다. 1492년, 콜럼브스가 아메리카 대륙을 발견하고, 이로부터 19년 후인 1511년, 디에고 벨라스게스Diego Velazguez 제독이 쿠바를 정복하면서 스페인의 식민화는 시작되었다. 이때부터 평화는 깨어지고 노동과 약탈로 원주민의 생활은 고난의 연속이었다. 강제 노동에 혹사당하는 생활이 계속되자 그들은 반항하기 시작

▲ 광장 앞 거리.

▲ 시가를 물고 있는 원주민 여인.

▲ 산 프란시스코 교회| San Francisco De Asisi.

했다. 원주민들의 반항 심리를 달래며 그리스도의 자비로 이들의 허탈한 정신을 위로하고자 1591년 아바나의 프란시스코회에서 성 프란시스코 수도사를 추앙하고 기리기 위하여 교회를 건축하기 시작했다.

　당시엔 부지가 항구에서 너무 가까워 바닷물에 흙이 쓸려 내려가 그때마다 퇴적물을 끌어다 토대를 보수하며 건물을 겨우 지탱했다. 그러나 그것도 잠시일 뿐, 결국 1719년 교회는 무너져 붕괴되었다. 그래서 1738년 새로 교회공사를 하게 되었다. 처음 설계 때는 한 개의 네이브Nave와 두 개의 아일Aile 그리고 크로싱Crossing 위에 올린 아름다운 돔이 포함되어 있었다고

▲ 헤밍웨이가 사랑한 쿠바의 암보스 문도스 호텔.

했다.

그러나 이 돔마저 1846년 대형 허리케인에 날아 가버리고 말았다. 탑 꼭대기에 서 있던 프란치스코 성인상마저 파손되었다. 그래도 산 프란체스코 데 아시시의 탑은 46m로 당시엔 아바나에서 가장 높은 건물이었다. 그런 연유로 이 교회는 해적선을 감시하는 역할을 수행하기도 했다. 현재도 나무계단을 이용해 종탑까지 올라가 주위를 관망할 수 있고, 내부는 종교예술박물관으로 사용되고 있다.

아바나와 혁명 광장   쿠바

쿠바의 아바나는 1982년 유네스코에서 세계문화유산으로 지정한 도시이다. 전쟁과 혁명 등 쿠바의 파란만장한 역사에도 불구하고 큰 피해를 입지 않고 100년 전의 모습을 대부분 그대로 유지하고 있는 도시이기 때문이다. 2천만 명이 넘는 주민이 살고 있는 아바나는 1519년 스페인이 건설한 옛 도시 중심부에는 바로크와 신고전적인 기념물들이 흥미롭게 혼합되어 있는 곳이기도 하다.

아바나는 멕시코 만灣과 아바나 만灣을 연결하는 해협에 위치해 있다. 이 도시는 당시 스페인 정복자들이 세운 가장 중요한 항구였다. 멕시코와 페루에서 확보한 보물을 스페인으로 이송하는 함선의 집결지 역할을 했던 것이다. 시가市街는 도시 전체가 거대한 박물관이라고 하는 구 시가지올드 아바나와 그 서쪽에 혁명 이후 현대적인 고층건물이 즐비하게 건설된 신시가지로 나눠져 있다.

신시가지는 넓은 가로와 바둑판 모양으로 반듯반듯하게 구획되어 있다. 고층건물은 물론 최신 설비를 갖춘 고급호텔들이 신시가지 해안가에 늘어서 있다. 이곳에 아바나대학과 사회주의 냄새가 물신 풍기는 혁명광장이 있다. 행정부처 청사와 국립도서관도 이곳에 있다.

혁명광장은 원래 호세 마르티Jose Marti 기념탑이 있는 시민광장이다. 그런데 이 광장이 역사적으로 유명하게 된 것은 1959년 쿠바혁명이 일어난 후 수많은 군중이 모여 시위와 투쟁과 퍼레이드를 벌려 혁명광장 역할을 했기 때문이다. 특히 피델 카스트로Fidel Castro가 매년 5월과 7월에 100만 명이 넘는 관중 앞에서 장시간 동안 연설하는 것은 세계적으로 너무나 유명하다.

이 광장은 면적이 자그만치 72,000㎡나 된다. 호세 마르티 기념탑 외에도 많은 행정부처 건물들이 이 광장에 밀집해 있다. 광장 왼쪽에는 체 게바라Che Guevara의 얼굴 조각상이 있는 내

▲ 모로요새에서 바라본 아바나 시가.

무부 건물Ministerio del Interior이 있고, 오른쪽에는 카밀로 시엔푸에고스Camilo Cienfuegos 얼굴 조각상
이 있는 정보 통신부Ministerio de Informatica y Comunicaciones 건물이 있다.

　통신부 건물에는 카밀로 시엔푸에고스의 얼굴과 그 밑에 Vas bien Fidel(잘 하고 있어 피델)
이라는 글귀가 새겨져 있고, 내무부 건물에는 쿠바의 영웅인 체 게바라Che Guevara의 얼굴과 그
의 표어인 "Hasta la Victoria Siempre(영원한 승리의 그날까지)"라는 표어가 커다랗게 새겨져

▲ 내무부 건물.

있다.

　우선 넓은 광장에 들어서면 호세마르티 기념탑Memorial Jose Marti이 거대하게 높게 솟구쳐 있다. 이 탑은 쿠바 독립과 호세 마르티의 탄생 100주년을 기념하기 위해 건립된 탑이다. 이곳은 그와 관련된 행사를 진행하는 본부로 탄생과 삶 그리고 그의 행적들을 박물관의 형태로 전시해 놓은 중요한 곳이다.

▲ 정보통신부 건물.

쿠바 혁명의 아버지, 민족해방의 국부로 절대적인 존경을 받는 호세 마르티의 기념탑은 피라미드 형식으로 그 위엄을 자랑하고 있다. 탑의 높이가 110m나 된다. 아바나에서는 가장 높은 건물이다. 탑 앞에, 높이 18m의 하얀 대리석으로 조각된 호세 마르티가 위엄 있게 앉아 있는 모습이 유난히 눈길을 끌었다. 둘레에는 6개의 나지막한 돌기둥이 호위하듯 서 있었는데, 이는 쿠바 발견 당시 6개의 옛 지방을 역사적으로 상징한 것이라고 했다.

▲ 국방부 건물.

호세 마르티는 쿠바 혁명을 이끈 국민영웅이다. 또 독립 운동가이자 문학가로 많은 쿠바인
들의 추앙을 받고 있는 인물이다. 1853년 쿠바 아바나에서 출생하여 소년시절부터 독립운동
을 하다 투옥된 이후 멕시코·과데말라·스페인 등을 여행했다. 10년 전쟁 이후 쿠바로 귀환
한 그는 또 다시 쿠바 독립운동에 가담하여 혁명을 시도하다 스페인 총독에 의해 추방당해 사
라고사Zaragoza 대학에서 법률과 문학을 공부했다. 1895년 미국의 도움을 받아 42세가 되던 해

▲ 호세마르티 기념탑.

▲ 호세 마르티 대리석상.

에 뉴욕에서 쿠바혁명당을 조직한 뒤 당수가 되어 막시모 고메스Maximo Gomez 등과 무장독립군을 이끌고 쿠바에 상륙했다.

상륙 후 그는 에스파냐 군과 결사 전쟁을 벌였다. 그러나 최초의 전투에서 고향땅인 아바나 시 동쪽에 위치한 도스 리오스Dos Rios에서 전사했다.

그로 인해 쿠바인들의 독립의지는 더욱 뜨거워졌고, 이 힘을 모아 독립전쟁에서 승리하게 되었다.

그는 "우리들의 아메리카"라는 글을 통해 혈통과 언어가 같은 라틴아메리카 인들이 힘을

▲ 카밀로 시엔푸에고스 Camilo Cienfuegos.

합처야 한다고 주장했다. 특히 인간 감정이 넘치면서도 근대적 감각을 풍기는 시로 라틴아메리카 인들을 단합시켜 나갔다. 그는 지금까지도 쿠바에서 근대주의의 선구자로 일컬어지고 있으며, 이 기념관에는 호세 마르티의 업적과 수많은 어록들이 전시되어 있다.

카밀로 시엔푸에고스 Camilo Cienfuegos

바티스타 Batista 군사독재 정권을 몰아낸 쿠바 혁명의 네 영웅을 꼽는다면 피델 카스트로와 라울 카스트로 형제와 체 게바라 그리고 카밀로 시엔푸에고스를 떠올릴 것이다. 세계적으로 너무나 유명해진 체 게바라에 가려 나라 밖에선 잘 알려져 있지 않다. 그렇지만 쿠바 안에선

시엔푸에고스가 여전히 네 명의 영웅으로 기억되고 있다. 날렵한 베레모를 쓴 채 언제나 심각한 표정인 체 게바라의 초상과는 달리 밀짚모자를 쓴 시엔푸에고스의 초상은 언제나 환하게 웃고 있어 정감이 간다.

카밀로 시엔푸에고스는 1932년 에스파냐계 공화좌파 가정에서 태어났다. 1953년 몬카타 병영습격이 일어나고 카스트로의 투옥과 국외추방의 도화선이 된 이듬해 바티스타 대통령의 독재에 항거하는 지하조직 〈혁명군 제2대〉를 이끌며 투쟁을 주도했다.

1955년 독립영웅 안토니오 마세오Antonio Maceo를 추모하는 집회 중에 총상을 입고 1956년 멕시코로 간 시엔푸에고스는 피델 카스트로와 만나 바디스타에 대항하는 82명의 혁명동지를 구성하여 1956년 그란마호로 쿠바상륙을 전격적으로 감행했지만 바티스타 정부군에게 패하게 된다.

여기에서 생존자 12명은 1개월 후 카스트로와 재합류하여 체 게바라가 지휘하는 군사와 함께 1959년 12월 31일 산타클라라Santa clara를 탈환하고 1959년 1월 1일 아바나에 입성하게 된다.

쿠바 혁명의 성공으로 농지개혁을 추진하던 시엔푸에고스는 그해 10월 28일 카마구에이에서 아바나로 야간 비행 도중 실종되었다. 일부는 정치적 성향이 달라 카스트로가 그의 살해를 지시한 것이라는 소문이 무성했지만 억측일 가능성이 높다. 체 게바라는 시엔푸에고스가 숨졌을 때 "카밀로와 같은 인물은 숨을 거둔 뒤에도 영원히 사람들의 가슴에 남는다." 며 "그의 육신은 갔지만 그의 영혼은 영원히 그들 곁에 남아 있을 것" 이라고 헌사했다.

에르네스토 체 게바라

쿠바 혁명가 중 가장 열광하는 인물은 단연 체 게바라Ernesto Che Guevara이다. 별을 단 베레모에 덥수룩한 구레나룻, 강렬하면서도 매혹적인 그의 눈빛은 쿠바에서는 영원히 변치 않는 스타적 지존이다. 중요한 거리엔 쿠바 혁명을 성공시키고 남미 해방을 위해 산화한 세기의 영웅

▲ 에르네스토 체 게바라 Ernesto Che Guevara.

체 게바라의 숨결이 여기저기에서 느껴진다. 그는 남미 최고의 문화적 아이콘Icon으로 자리 잡고 있다.

에르네스토 체 게바라Ernesto Che Guevara는 1928년에 태어나 1967년 39세의 나이로 사망한 혁명가이다. 아르헨티나 로사리오에서 태어난 그는 본명이 에르네스토 라파엘 게바라 데 라 세르나Ernesto Rafael Guevara de la Serna이다. 바스크 아일랜드 혈통의 유복한 가정의 5남매 중 장남으로 태어났다. 귀족 혈통을 이어받은 아버지는 큰 병원 원장이었으며, 종교에 얽매이지 않는 비교적 자유로운 환경 속에서 경제적 안정을 누린 진보적 사고를 가진 부르주아 집안이었다.

▲ 체 게바라와 피델 카스트로.

　1948년 체 게바라는 부에노스아이레스에서 의대를 졸업하고 의사로서의 안정된 삶이 보장
되어 있었다. 그렇지만 그는 우연히 의사 친구인 알베르토 그라나도Alberto Granado와 모터사이
클로 남미대륙을 여행하게 된다. 그 당시 진보정권을 이루어 비교적 민주적이고 자유롭게 살
아가는 과테말라로 간 체 게바라는 민주선거로 이룬 하코보 아루벤스 구스만Jacobo Arbenz
Guzman 진보정권이 미국자본의 지원을 받은 아르마스Carlos Castillo Armas의 쿠데타에 의해 무너지
는 것을 목격하고 비폭력적 개혁은 한낮 꿈일 뿐, 남미 민중을 위한 진정한 혁명은 무력으로
이루어져야 한다고 생각을 바꾸게 된다.

▲ 연설하는 카스트로.

　과테말라에서 아르마스 독재정권에 반기를 들고 혁명운동을 하다 핍박을 받게 되는 체 게 바라는 페루에서 학생운동을 벌이다가 망명 온 3살 연상의 여성혁명가 일다 가데아^{Hilda Gadea} 와 이때 결혼을 하게 된다. 핍박에 못 이겨 멕시코로 망명을 한 체 게바라는 일다 가데아의 소개로 1955년 7월 쿠바의 망명 정치가 피델 카스트로와 운명적인 만남을 갖게 된다. 당시 피델 카스트로는 1952년 쿠바의 대통령 선거에 나섰다가 바티스타의 쿠데타로 선거가 무산 된 뒤 바티스타 정권에 항거하다 체포되어 2년간 복역 후 특사로 풀려나 멕시코로 망명한 상 태였다.

　1956년 피델 카스트로와 체 게바라는 86명의 혁명군과 쿠바에 상륙한다. 그러나 실패한다.

▲ 체 게바라와 김일성.

그는 남은 생존자 12명과 동지들을 규합하여 시에라 마에스트라^{Sierra maestra} 산맥을 중심으로 게릴라 투쟁을 재개한다. 1958년 체 게바라는 카스트로로부터 코만단테^{Comandante}에 임명되어 자신이 지휘하는 제2군을 이끌고 산타 클라라^{Santa Clara} 전투에 돌입하여 적들을 제압하고 아바나로 가는 길을 열었다. 마침내 그는 1959년 1월 1일 독재자 바티스타가 도미니카 공화국으로 망명하자 아바나에 입성하여 쿠바 혁명을 성공시켰다. 그 후, 피델 카스트로는 총리가 되었고, 체 게바라는 헌신적인 투쟁업적을 인정받아 쿠바 시민권을 부여받아 정부의 각료로 활동했다.

이때 체 게바라는 멕시코에 있던 일다 가데아^{Hilda Gadea}와 이혼하고 반군활동 중 만난 전투

동지 알레이다 마치Aleida March와 재혼했다. 1959년 혁명정국에서 체 게바라는 해외에 파견되어 비동맹 국가들의 여러 지도자들과 만나 외교활동을 벌였다. UN총회 쿠바 대표로도 참여했다. 심지어는 북한의 김일성과도 만났다. 이때부터 검은 베레모와 구겨진 군복은 그의 트레이드마크가 됐다.

체 게바라는 5년 동안 서방 세계로부터 쿠바의 두뇌라는 별명을 얻어가며 열성적으로 일했다. 그러다 1965년 4월, 피델 카스트로에게 "쿠바에서 할 일은 다 끝났다."는 편지를 남기고 홀연히 사라졌다. 그때 그는 쿠바를 벗어나 볼리비아로 투쟁무대를 옮겼다. 그곳에서 체 게바라는 리네 바리엔토스Rene Barientos 정권을 상대로 게릴라전을 벌였다. 그러나 그는 1967년 10월 미국이 가세한 볼리비아 정부군에게 붙잡혀 총살당했다.

사 후, 체 게바라는 전 세계적으로 "체 게바라 열풍"을 일으킬 정도로 인기를 끌었다. 귀족 가문에서 태어나 경제적 안정을 느릴 수 있는 의사직업을 버리고 서민층을 착취하는 우익 독재정권의 쿠데타 정부를 타도하기 위해 혁명에 뛰어 들었으며, 쿠바에서 최고의 자리에 오르고도 이를 박차고 또 다른 혁명을 위해 헌신하는 그의 숭고한 모습이 사람들을 감동시켰던 것이다.

노인과 바다의 산실, 코히마르 마을   쿠바

코히마르Cojimar라 하면 일반적으로 좀 낯설게 들릴지 모르지만 실은 헤밍웨이가 노벨문학상을 수상한 노인과 바다The old man and the sea의 실제 배경이 된 한적하고 조그만 시골 마을이다. 또한 헤밍웨이Hemingway, Ernest Miller가 미국에서 섬나라 쿠바에 와 오랫동안 살면서 바다가 멀리 보이는 아바나 언덕에 집을 짓고 이곳 코히마르 바닷가를 자주 들러 낚시를 즐기면서 반평생을 보낸 어촌이기도 하다.

흰 턱수염이 덥수룩하게 양 볼을 덮고 인자한 얼굴을 한 그가 보잘 것 없는 이곳에서 순박한 어부들과 함께 소탈하게 반평생을 살았다는 것은 젊어서 전쟁 경험의 과거의 상처가 부담되어서였을까? 아바나에서 헤밍웨이박물관을 관광하고 선전문구가 적힌 입간판이 도로 옆에 서 있는 산허리를 돌아 언덕 아래로 내려가니 얼마 떨어지지 않은 곳에 한가로운 시골 바닷가 작은 마을이 거짓말처럼 펼쳐졌다. 따가운 햇볕이 내려 쬐는 나무 그늘 아래서 한가로이 대화를 나누는 노인들의 모습과 스르르 무너져버릴 것만 같은 낡고 오래 된 집들이 줄 지어 늘어서 있는 눈앞의 풍경들이 금방 고요하고 평화롭게 다가와 한적하게만 느껴졌다.

길옆엔 빈지문으로 된 가게들이 줄지어 있었다. 가게들은 대부분 문이 닫혀 있었다. 어느 골목에선가 소설 속의 노인과 소년이 낚싯대와 그물 꾸러미를 들러 메고 불쑥 나타날 것만 같은 착각을 갖게도 했다. 마을 어귀에는 별다른 움직임이 없이 고요함과 평화로움만 흘렀다. 하늘과 바다가 맞닿은, 멀리 바라다 보이는 조용한 수평선은 소금 냄새만 풍겨 왔다.

조용히 물결이 흔들리는 바닷가에는 라 테레자La terraza라는 레스토랑이 있었다. 이 레스토랑은 헤밍웨이가 늘 즐겨 찾으며 바다를 바라보면서 작품구상과 명상에 잠긴 곳이라고 한다.

▲ 코히마르 마을의 거리.

건물의 기초가 물속에 잠긴 돌 축대 위에 자리 잡은 이 집은, 창문을 열면 파랗고 잔잔한 시원스러운 카리브 해가 아스라이 펼쳐졌다. 헤밍웨이가 이 레스토랑에 오면 꼭 양면이 창으로 난 구석 테이블에 앉아 물위로 물새가 그림같이 날아오르는 전망을 바라보면서 바다를 하염없이 관망했다고 한다.

이 레스토랑에는 많은 사진 액자들이 벽에 걸려 있었다. 대부분 영화 주인공이나 영화 속 장면을 촬영한 것들이었다. 그 중에서도 헤밍웨이와 쿠바 지도자 피델 카스트로와 소설 속의 실제 모델인 그레고리오 푸엔테스Gregorio Fuentes와 함께 한 모습들이 유독 눈에 들어왔다.

▲ 스페인 식민시절 지어졌다는 낡은 성채.

영화를 촬영할 때 원작자인 헤밍웨이는 이곳에 상주하면서 제작진과 주연배우에게 많은 조언을 했다고 한다. 그리고 가난한 마을사람들을 위해 주민을 엑스트라로 많이 출연시켜 주었고, 여러 모로 아르바이트 자리를 주선해주어 지금도 나이 지긋한 노인들은 헤밍웨이에게 그때의 고마움을 잊지 못하고 있다고 했다.

그러나 사실은 영화에 나오는 실내 장면은 이곳 라 테레자가 아니라 인근에 지어진 세트에서 촬영되었다고 했다. 영화에 사용되었던 다양한 자료들은 이곳에 아직도 많이 남아 있었는데, 입구에 세워져 있는 엄청난 크기의 참치나 영화 촬영 당시 상황이 그려진 초대형 풍경화

▲ 라 테레자 La terraza 레스토랑 건물과 간판.

가 그것이다.

아직도 마을 언저리에는 마놀린^{Manolin}과 닮은 소년들이 뛰놀고 있었다. 산티아고를 닮은 어부들도 그늘에 앉아 하염없이 바다를 바라보고 있었다. 이미 시간적으로는 반세기가 훌쩍 지났음에도 불구하고 〈노인과 바다〉에 나오는 소설 속의 거리 정경들은 시간이 멈춰버린 듯한 착각을 불러올 정도로 그대로 남아 있었다.

건너편 방파제에는 스페인 식민지 시절 외부의 침략을 방어했던 성채가 세월에 녹슬 듯 빛바랜 채 그 옛날 치욕의 역사를 말해주고 있었다. 그곳에는 고색古色에 얽힌 수많은 사연들을

▲ 헤밍웨이가 자주 앉았다는 창문가 테이블.

배경 삼아 사진작가들이 정열을 쏟아가며 작품을 담아내고 있기도 했다. 소설 속의 실제 모델
이었던 그레고리오 푸엔테스Gregorio Fuentes는 이곳에서 헤밍웨이와 알게 되었다고 했다. 오랫
동안 친구로 지내면서 우정이 각별했던 그들은 목선을 타고 자주 바다 멀리 나가 낚시를 했
고, 날이 저물어 돌아 올 적에는 별을 쳐다보며 인생을 이야기했다고도 했다. 글자를 모르는
푸엔테스를 위해 헤밍웨이는 가끔 자신의 소설을 큰소리로 읽어주는 것을 즐겼고, 푸엔테
스는 헤밍웨이가 읽어주는 소설 이야기를 들으면서 무척 즐거워했다고 했다. 이는 결국 알고
모름을 떠나 인간적인 깊은 내면의 인연으로 맺어져 정이 오갔던 모양이다.

▲ 실내에서 창문으로 바라다 본 바다의 모습.

　푸엔테스는 약 30년간 헤밍웨이를 위해 배를 저어주고 요리를 해주는 낚시 친구가 되었다. 그는 1897년 카나리아 군도 란사로테^{Lanzarote}에서 출생했으며, 선원이었던 부친과 쿠바로 여행하다 부친이 선상에서 불의의 사고로 죽자 6살 때 고아가 되었다. 헤밍웨이와 푸엔테스는 1928년 처음 만났다. 그러다 헤밍웨이는 1930년대에 푸엔테스를 월 250달러에 보트 관리인으로 고용했다. 그리고 1960년, 그가 미국으로 귀국할 때까지 헤밍웨이는 코히마르 푸엔테스 집에서 머물렀다. 떠나기 전, 헤밍웨이는 푸엔테스에게 아바나 교외 저택과 호텔 엘 필라^{Hotel El Pilar}를 증여했다. 푸엔테스는 이 재산 모두를 곧 바로 쿠바 정부에 헌납해 〈헤밍웨이 박물관〉

▲ 영화 촬영 당시 그려진 초대형 풍경화.

이 되게 했다.

　국적을 초월해 깊은 우정을 나누었던 두 사람은 1960년 피델 카스트로가 이끄는 혁명이 일
어나자 헤어지게 된다. 헤밍웨이는 그가 사랑하는 쿠바에 머물고 싶었으나 자본주의 국가와
사회주의 국가라는, 두 국가 사이의 정치 체제 문제로 헤밍웨이는 쿠바를 떠나지 않으면 안
되었던 것이다. 헤밍웨이는 그 후 미국 케첨Ketchum으로 돌아와 여생을 보내려 했으나 계속 불
안과 우울증에 시달려 병원을 전전했다. 그러다 결국 헤밍웨이는 1961년 엽총 자살로 생을
마감하고 말았다.

▲ 성채 옆 방파제에서 정성을 다하여 사진 촬영을 하는 모습.

헤밍웨이가 쿠바를 떠난 후 얼마 되지 않아 그의 자살 소식을 듣게 된 쿠엔테스는 슬픔과 회한 속에서 마을 사람들과 함께 힘을 모아 헤밍웨이의 흉상을 세웠다. 헤밍웨이가 죽은 후에도 40여 년을 더 산 푸엔테스는 2002년 104세를 일기로 세상을 떠났다. 그런데 헤밍웨이의 중편소설 〈노인과 바다〉를 읽거나 영화를 보고 찾아오는 사람들에게 그에 대한 추억을 끊임없이 되풀이해서 들려줬다고 한다.

소설을 읽지 않아도 모든 이에게 잘 알려진 〈노인과 바다〉는 한 우직한 어부의 3일 동안의 일기와 같은 소설이다. 얼핏 보면 아무런 내용도 없고 재미도 없는 단순함에 읽고 나면 허탈

◀ 헤밍웨이의 초상화.

▲ 그레고리오 푸엔테스가 건립하였다는 헤밍웨이 동상.

▲ 낡은 성채를 배경으로 필자 부부.

하기까지 하지만 그러나 이 작품이 지닌 상징성을 음미하며 읽을 경우 많은 각성을 줄 수 있는 내용을 담은 작품이다. 84일이나 고기를 잡지 못한 노인은 새로운 희망을 안고 새벽바다로 향하여 배보다 더 큰 고래를 잡게 된다. 3일 동안이나 사투를 벌인 끝에 노인은 고래를 잡았으나 피 냄새를 맡고 달려드는 상어에는 힘이 부쳤다. 불굴의 의지로 상어를 죽이면서 고기를 지키려고 했으나 살점은 다 뜯기고 결국 뼈만 앙상하게 남은 고기만을 매달고 노인은 부두로 돌아오게 된다.

지쳐 돌아온 노인에게 소년은 온갖 시중을 다하며 위로한다. 오랜 시간 잠에 곯아떨어진 노인은 바로 사자 꿈을 꾼다. 늙었지만 무기력하지 않고 패배하지 않는, 끝까지 목표를 가지고 성취하려고 애쓰고 발버둥치는 모습이 너무나 우리들의 인생 여정과 비슷하다. 삶이 아무리 비극적이고 환멸뿐이라 해도 인간은 불패자가 되어야 하며, 세상은 싸울 만한 가치가 있는 곳임을 노인은 바다와의 싸움에서 보여 주고 있는 것이다. 상어로 상징되는 악惡에 의하여 패배하는 시련의 경험을 겪지만, 용기와 자기 극복으로 과감하게 악과 대결하는 인간의 존엄성이 위대하게 느껴지기도 한다.

　인간은 고독하고 무기력한 존재이다. 그렇지만 운명적으로 수없는 난관과 대결하지 않으면 안 된다. 여기서 이 소설은 "인간은 용기와 극기 그리고 단단한 각오를 가져야만 한다."는 교훈을 일깨워주는 공감대를 갖게 하는 작품이다.

최고의 휴양지, 바라데로 쿠바

쿠바 최고의 휴양지 바라데로Varadero는 아바나에서 동쪽으로 160km 떨어진, 자동차로 약 2시간 거리에 있는 이까꼬스 반도Peninsula de Hicacos에 위치해 있다. 이곳은 아름다운 카리브Carib 해의 파란 바다와 20km에 달하는 고운 모래사장이 매력적이다. 처음 이곳 반도의 개발은 1923년부터 시작되었으나 주민 거주 지역은 1950년까지도 개발이 되지 않았다가 이후 두 폰트Du Pont사가 이 땅을 사들이는 과정에서 큰 이익을 보게 되면서 지역 개발이 활발하게 시작되었다.

그 후, 도로를 건설하고 수많은 빌딩과 호텔을 지어 현재의 바라데로의 모습을 이루어 놓았는데 지금도 이곳은 여전히 국제적으로 알려진 휴양도시로 탈바꿈하기 위하여 대규모의 개발 사업이 진행되고 있다. 현재 축조되고 있는 빌딩을 비롯한 호텔 건축이 빠르게 진척되고 있지는 않다. 그렇지만 앞으로 가족 단위의 휴양객을 위한 최고의 장소를 만들려는 국가의 플랜은 대단한 것 같다.

바라데로는 폭이 약 300~500m, 길이 26km의 가늘고 긴 독특한 반도로 형성된 지형이다. 그러므로 한가운데로 난 길을 달리다 보면 좌우 양쪽으로 동시에 짙푸른 카리브 해의 환상적인 바다를 바라다 볼 수 있다는 점이 압권이다. 미국의 경제 봉쇄로 극심한 경제난을 겪는 가난한 나라이긴 하지만 과거와 현재가 공존하는 쿠바의 내면에 이방인을 압도하는 천혜의 멋과 분위기가 그윽하게 넘쳐나는 곳이다.

바라데로에는 수많은 호텔과 레스토랑이 줄지어 들어서 있다. 비록 사회주의 국가이긴 하지만 천혜의 아름다운 카리브 해변을 보유하고 있어 쿠바 이미지에 어울리지 않게 전 세계의 관광객을 불러들이고 있다. 불타는 태양과 구리빛 피부의 늘씬한 미녀들이 뿜어내는 정열의

▲ 호텔 앞에 서 있는 기형적인 배꼽 야자나무.

살사 댄스 역시 한 모금의 시거^{segar} 연기 속에 살아 숨 쉬는 그들의 정서이기에 황홀감을 안겨 준다.

살사는 쿠바의 전통 음악 속에 브라질의 보사노바^{bossa nova}와 도미니카^{Dominica}의 음악이 미국적 스타일과 혼합되어 새롭게 만들어진 장르의 라틴 음악이다. 화끈하고 격렬한 리듬과 율동이 특징이며 라틴 아메리카의 음악과 춤을 대표하는 세계적인 댄스 음악이다.

살사라는 말은 소금을 뜻하는 스페인어 〈sal〉과 소스를 뜻하는 〈salsa〉에서 유래된 것이다.

▲ 호텔 정문(우리 일행은 솔 팔메라Sol palmera 호텔에서 일박을 하며 여독을 풀었는데 투숙객에겐 팔찌를 채워주고 호텔 내에선 바Bar를 비롯하여 모든 부대시설이 무료였다).

이 음악은 스페인식 기타 연주에 전통 아프리카 음악의 원천인 리듬과 화답하는 형식의 노래 요소가 결합되어 쿠바 동부의 시골에서부터 시작되었다. 살사 댄스는 남미에서 마을 축제나 파티에서 자유롭게 즐기고 가족끼리 일을 하다 잠시 쉬면서 추었을 만큼 대중적이고 공개적 인 춤이다.

강렬한 태양 아래 야자수 그늘 속에 유리알 같은 하얀 모래사장과 옥빛 물결의 바라데로는 환상적인 조화를 느낄 수 있는 파라다이스 그 자체이다. 많은 인파에 밀려 찌푸리게 하는 일

▲ 신나는 음악에 흥겨움이 저절로 나 춤판에 자연스럽게 합류했다.

▲ 젊은 남녀가 풀장에서 뜨거운 사랑을.

▲ 물속에선 수영을 하고 모래사장에선 썬팅을 하고.

은 거의 없고 조용하고 아늑하게, 또 알차게 즐길 수 있는 최고의 해변 휴양도시다.

　나름대로 쿠바는 개방과 시장주의를 거부하지만 아름다운 자연과 정열로 가득 찬 그들만의 독특한 정서와 생활이 그리고 내면에 깊은 역사가 살아 숨 쉬고 있는 것을 진하게 느꼈다.

▲ 옥빛 물결과 따가운 모래사장 풍광.

▲ 카리브 해의 파도에 밀려온 해초들.

아르헨티나

아르헨티나Argentina 하면 우선 세 가지 이미지가 떠오른다. 그것은 바로 탱고의 나라, 에바 페론Eva Peron의 나라, 축구를 잘하는 나라. 이렇게 우리에게도 이미 친숙한 이미지의 아르헨티나의 공식 국가 명칭은 아르헨티나공화국. '아르헨티나'는 라틴어Latin語로 '은'이란 뜻이며 남아메리카 대륙 남부에 자리 잡고 있다. 국토는 남북으로 길쭉하고, 서쪽의 안데스Andes 산맥과 남쪽의 애틀랜틱Atlantic 해 사이에 있다. 북쪽으로 파라과이Paraguay와 볼리비아Bolivia, 북동쪽으로 브라질Brazil과 우루과이Uruguay, 서쪽과 남쪽으로는 칠레Chile와 국경을 접하고 있으며, 23개 주와 부에노스아이레스BuenosAires를 자치시로 구성된 연방공화국. 국토 면적은 우리나라(100,210㎢)보다 약 28배가 더 넓은 2,780,400㎢로 세계 8위. 인구는 4천2백60여만 명. 전 국민의 92%가 가톨릭이며, 언어는 스페인어

Spanish語, 케추아어Quechua語, 아이마라어Aymara語를 사용한다. 화폐는 페소 Peso 화를 사용하며, 2013년 기준 국민 1인당 GDP는 11, 679달러로 세계 65 위. 참고로 한국은 23,837달러로 36위. 시차는 한국보다 12시간 늦으며, 전화 통화 시 국가 코드 번호는 +54번. 볼거리, 놀거리, 즐길 거리가 많고, 사람들이 밝고 순수하다. 무엇보다 돈 없는 배낭 여행자의 바람이라 할 수 있는 물가가 저렴하다. 물론 페루나 볼리비아만큼 저렴하진 않지만, 양이나 질로 따지면 훨 씬 저렴하고, 특히 무선 인터넷이 잘 터져서 인터넷 비용을 많이 절감할 수 있 다는 것이 여행자의 후평. 우리나라에선 비싸서 잘 사먹지 못하는 스테이크가 5,000원 정도이며, 와인은 약 2,000원 정도. 영화 관람은 2,000원.

부에노스아이레스 탱고의 거리   아르헨티나

아르헨티나Argentina를 여행해 본 사람이면 누구나 겪어보는 일이겠지만 거리나 가게 앞에서 탱고tango 춤을 추는 사람들을 가끔 볼 수 있다. 탱고는 아르헨티나 국민들에게 특별한 정서가 깔려 있는 음악의 한 장르이다. 보카Boca 항구의 카미니토Caminito 거리가 아니더라도 부에노스아이레스BuenosAires의 번화하고 유명한 거리에서 뼹 둘러선 관객들의 환호 속에 탱고를 열심히 추고 있는 풍광이 아주 자연스럽게 그리고 특이하게 느껴진다. 탱고의 발상지인 부에노스아이레스의 밤거리는 매일매일 축제의 분위기라 해도 과언이 아니다. 탱고는 보카 항에서 먼지가 지저

부에노스아이레스

분하게 휘날리고 어두침침한 거리를 배경으로 가난한 사람들의 감정이 얽히고 설켜서 우러나온 노래와 춤이다. 고향을 잃어버린 이민자들의 향수, 거친 삶을 개척하여야 하는 외롭고 지친 사람들의 역사적 배경이 종합적으로 표출되어 이룩된 예술이라고도 할 수 있다. 이룰 수 없는 사랑. 애인을 뺏어간 무정한 친구. 고향을 떠난 서글픔. 세상을 성실하게 살아가려 하지만 좌절하는 밤거리 여인의 울부짖음. 이렇듯 사랑을 잃은 슬픔과 고독을 절절이 드라마틱하게 노래한 것이 탱고다.

부에노스아이레스 5월의 광장   아르헨티나

5월의 광장^{Plaza de Mayo}은 부에노스아이레스의 심장부에 위치하고 있는 유서 깊은 광장이다. 이곳은 대통령 취임식을 비롯해 다양한 집회 모임이 이루어지는 곳이다. 스페인 식민 지배에서 벗어나기 위한 아르헨티나 독립의 첫걸음이 된 5월 혁명을 이끈 정치적 사건의 무대가 된 역사를 지니고 있다.

5월 혁명은 1810년 5월 25일 카빌도^{Cabildo}에 군중들이 집결하여 리오 데 라플라타^{Rio de la plata} 부왕의 퇴위와 자치정부의 설치를 내세우고 독립선언을 한 시민혁명을 말한다.

처음에는 요새광장^{Plaza de Fuerte}이라 했으나 1807년 영국군의 침략을 격퇴하였을 때에는 승리의 광장^{Plaza de Victoria}이라고 했다. 5월 혁명 이후에는 지금의 이름으로 불리게 되었다.

광장 중앙에는 5월의 탑^{Piramide de Myao}이 건립되어 있다. 이 탑은 5월 혁명 1주년을 기념하여 세워진 것이다. 탑 속에는 아르헨티나 전역에서 가지고 온 흙이 들어 있다. 또한 광장에는 아르헨티나 국기의 창안자인 마누엘 벨그라노^{General Manuel Belgrano} 장군의 기마상이 있다.

5월 광장 동쪽에 자리한 대통령 궁전은 1873년부터 94년에 걸쳐 건설된 스페인 로코코^{Rococo} 양식의 건축물이다. 건설 당시의 대통령 사르미엔토^{Domingo Faustino Sarmiento} 시대부터 대대로 분홍색으로 칠해졌기 때문에 카사 로사다^{Casa Rosada} 분홍색 집^{Pink Hous}으로 불린다.

원래는 침략군으로부터 영토를 지키기 위한 요새로서의 역할을 했는데 지금은 이곳에서 대통령이 각계 인사를 접견하며 집무를 보고 있다. 옥상에는 헬리포트^{Heliport}가 있고, 건물 곳곳에 레이더 장치가 설치되어 있어 무기를 설치하지 않으면서도 현대적 요새의 위엄을 갖추고 있다.

마뉴엘 벨그라노^{Manuel Belgrano}는 식민지 시절 5월 혁명과 독립전쟁에 참전한 독립 운동가이

▲ 대통령궁전 La Casa de Gobierno.

다. 〈독립영웅〉이라는 칭호를 받고 있으며, 아르헨티나 국기의 창시자이다.

트로폴리타나 대성당Catedral Metropolitana은 아르헨티나 가톨릭의 중심이 되는 성당이다. 이 성당은 여섯 채의 어도비 교회가 낡아 무너진 자리에 건립되었다. 라틴 십자가형으로 설계된 현재의 석조 건물은 1753년에 건축을 시작해 내외부 장식까지 1911년에야 마무리 되었다고 한다. 전체적으로 바로크baroque 양식과 신고전주의新古典主義 양식이 혼합되어 있는 메트로폴리타나 대성당은 유럽의 어느 성당 못지않게 화려하고 장엄한 모습을 자랑한다.

그리스의 판테온Pantheon을 닮은 외관은 성당으로서는 이례적인 건축방식이라고 한다. 전면

▲ 마뉴엘 벨그라노 Manuel Belgrano의 기마상.

에 코린트 Corinth 양식으로 장엄하게 세워진 12개의 대리석 기둥은 예수의 열두제자를 상징한 다고 한다. 그 위에 세밀하게 조각된 부조가 눈길을 잡았는데 내부 정면 오른쪽에 빨갛게 타 오르는 불꽃은 완성 당시부터 현재에 이르기까지 꺼지지 않고 계속 타오르고 있다고 한다. 이 는 성당의 엄숙한 분위기를 감돌게하기 위함이다. 스테인드글라스로 아름답게 장식된 내부 공간에는 남아메리카 해방의 아버지라 불리는 호세 데 산마르틴 General Jose de San Martin 장군의 관이 안치되어 있다.

또 다른 쪽에는 식민지 시절에 총독의 집무실이었던 까빌도 Cabildo 건물이 있다. 스페인 식

▲ 5월의 탑 Pirámide de Mayo.

▲ 트로폴리타나 대성당 Catedral Metropolitana.

민지시대에 지어진 건물이다. 이 건물은 행정기관이 계속 주재하다가 독립 후에는 부에노스 아이레스 시의회로 사용되고 있다. 1725년에 건축했지만 그 후 몇 번의 수리를 거쳐 1940년 부터 현재의 모습으로 있다. 1810년 5월 25일 많은 시민이 지켜보는 가운데 이곳 2층에서 독립선언이 이루어졌다.

2층은 현재 5월 혁명 박물관Museo Historico Nacional del Cabildo da la Revolucion de Mayo으로 사용되고 있다. 박물관 내에는 식민지시대부터 사용되어 온 책상과 의자를 비롯하여 아르헨티나의 역

▲ 식민지 시절에 총독의 집무실이었던 카빌도Cabildo.

사를 말해주는 물품들이 보존되어 있다.

5월의 광장에서 서쪽으로 직진하면 국회의사당이 나온다. 이탈리아인 빅토르 메아노Vitor Meano가 디자인한 이 국회의사당은 그레코로망 스타일의 위엄 있는 건물로 1906년에 완공되었다.

폭이 약 100m, 면적이 9,000㎡로, 벽면은 대리석을 사용했다. 건물 중앙에는 청동처리가 된 돔이 우뚝 솟아 있어 무척 인상적이다. 돔의 높이는 지상으로부터 85m이고 직경은 20m라고

▲ 국회 의사당 Palacio del Congreso Nacional.

한다.

　5월의 대로大路와 리바다비아Rivadavia 대로가 만나는, 지리적으로 중요한 중심점에 위치해 있는 이 국회의사당은 군정기에는 폐쇄되었다가 1983년 민정 이양 이후부터 다시 의사당으로 사용하게 되었다.

　국회 개회 기간 중에만 점등된다는 조명 장식은 식민지시대 불행했던 과거를 잊게 하자는 의미라고 한다.

▲ 1810년 5월 임시혁명위원회에서의 정치 지도자 모레노Moreno 동상.

▲ 까빌도 옆길 전경.

 중남미 여행기

탱고의 발상지, 보카지구  아르헨티나

탱고의 발생지인 라 보카La Boca 항은 부에노스아이레스 시내에서 약 5km 가량 떨어진 외각 아르헨티나와 우르과이를 연결하는 리아추에로Riachuelo 강 하구에 있다. 〈보카Boca〉라는 이름은 스페인 어로 〈입〉이란 의미를 지녔다. 실제로 이민자들을 받아드리는 입 구실을 한 강의 하구河口 즉, 〈라 보카 항〉은 19세기 당시 유럽에서 부푼 꿈을 않고 찾아 온 이민자들이 배에서 처음 내려 육지에다 낯선 첫발을 내디딘 곳이다.

라 보카 항은 지금의 항구 뿌에르또 마데로 노르테Puerto Madero Norte가 생기기 전에는 아르헨티나의 유일한 항구였다. 아르헨티나로 향한 모든 선박은 이곳에 정박했고, 아르헨티나로 향한 선박에 승선한 이민자들은 자연스럽게 라 보카 항에 떨어뜨려졌던 것이다.

19세기 말 유럽에서 많은 이민자들이 큰 희망을 갖고 신대륙을 찾아왔으나 그 꿈을 실현하기에는 당시 국내 사정이 너무나 어려워, 하나 둘 이곳에서 일용잡부로 전락하고 말았다. 갑자기 늘어나는 이민자들로 하여금 인구는 팽창했고 라 보카 항은 단숨에 면모를 탈바꿈하게 되었다. 이민자들은 새로운 부푼 꿈의 삶이 무산되자 허탈한 상태에서 낙담하고 체념하면서 타향살이의 설움을 이곳에서 풀었고, 고독과 향수를 음악으로 달래야만 했다.

항구에는 화물선이 줄지어 정박했다. 새로운 삶을 찾아 이민을 온 사람들과 선원, 막노동자, 그리고 소떼를 모는 목부들까지 땀에 젖은 돈을 노려 싸구려 술집과 작부들이 이 틈을 타 무수하게 생겨나기 시작했다고 한다. 밤이 되면 일상의 고단함과 울분을 달래기 위하여 술을 찾았고, 여자들과 어울려 춤으로 애환을 풀었다. 이렇게 자연스럽게 어우러진 환락가의 몸부림의 발산이 탱고를 탄생시켰던 것이다.

거리 양쪽에 늘어선 창고 같은 집들은 목조로 허름하게 지어졌고, 거기에 아이들의 장난처

▲ 보카 항구가 보인다.

럼 빨강 · 파랑 · 노랑 원색의 물감들로 칠해진 벽들은 너무나 요란스러워 여행자의 눈엔 낯
설고 좀 경박스럽게 느껴지기도 했다.

　페인트 통을 마구 쏟아 부어 동화책 속으로 빠져들게 하는 알록달록한 풍광은 좀 유치해 보
였다. 여기에 이국적인 색채가 덮쳐지면서 서민들의 보금자리라는 인상을 짙게 했다. 물론
항구도시여서 외국인들이 자주 왕래하여 토착적 분위기는 다소 퇴색되었으리라 예상은 했었
지만 그래도 언뜻 다가오는 느낌은 화려하면서도 이색적이었다.

　카미토Caminito 거리는 길옆 가게들을 현란하게 갖가지 색으로 칠해진 거리를 말한다. 〈카

▲ 자연스럽게 악기를 연주하는 거리의 모습.

미니토)라는 이름은 스페인어로 "작은 길"이란 의미를 지니고 있다. 이 거리는 예전엔 많은 술집이 있었던 골목이다. 사람들이 탱고 춤을 추면서 이민자의 애환과 고뇌를 달래주었던 중심 거리이다. 카미니토 거리가 유명하게 된 것은 보카 출신의 화가 베니토 킨케라 마르틴Benito Quinquera Martin과 후안 데 디오스 필리베르토Juan de Dios Filiberto 등이 유머의 감각을 특별히 살려 보카 지역을 이색적으로 꾸민 데서부터 시작되었다고 한다.

처음엔 조선소에서 일하던 가난한 인부들이 쓰고 남은 페인트를 얻어와 외벽과 지붕을 강렬한 원색으로 칠하면서부터 시작되었다. 무심코 고향의 색감을 그대로 담아 표출하려 한 것

▲ 카미니토Caminito 거리.

이 점진적으로 화가 〈베니토 킨케라 마르틴〉의 예술로 승화되어 지저분하고 우울한 이 지역이 거칠면서도 우아한 새로운 장르의 화법으로 탈바꿈하였던 것이다.

　1890년생인 킨케라 마르틴은 유년시절을 보카 항구에서 힘든 노동을 하며 살았다. 보카 항구에 남다르게 애정을 갖고 있던 킨케라 마르틴은 이 도시의 거리를 평생 자신의 캠퍼스 삼아 채색작업을 하였던 것이다. 중심거리를 비롯하여 주위를 원색의 화풍으로 물들이면서 카미니토 거리는 강렬한 3원색으로 탈바꿈 되었고, 격정적인 탱고의 이미지가 여기에 딱 맞아 떨어져 세계인이 즐기는 탱고의 발상지로 부각되었던 것이다.

▲ 베니토 킨케라 마르틴 Benito Quinquela Martin.

▲ 아르헨티나를 대표하는 3개의 밀랍인형(왼쪽에는 탱고가수 〈가르델〉 가운데는 대통령 부인 〈에바 페론〉 오른쪽은 세계적인 축구선수 〈마라도나〉이다).

킨케라 마르틴은 이곳을 보카 공화국이라고 명명하면서 자신이 대통령이라고 했다. 남미의 활달하고 낙천적인, 특이한 기질에서 나오는 강한자부심의 발로였다. 탱고 〈카미니토〉 음악도 필리베르토Filiberto가 100m도 채 안 되는 거리를 모델로 작곡한 것이다.

탱고라면 일반적으로 먼저 춤을 생각하지만 근본적으론 음악을 말한다. 탱고는 아프리카와 유럽 그리고 쿠바의 리듬이 만나서 어울려진 독특한 음률이다. 인생의 사랑과 이별 그리고 고독과 향수와 낭만이 깃들여져 외로운 사람들의 가슴 속 깊은 상처를 건드리는 음악이다.

탱고에 가장 많이 영향을 준 음악은 밀롱가Milonga를 들 수 있다. 밀롱가는 유럽 음악에 쿠바

▲ 라 보카 거리에서 탱고 춤을 추는 모습들.

리듬이 섞였고, 또 아프리카의 문화가 녹아 있다. 밀롱가는 원래 팜파스^{Pampas}에서 살고 있었던 가우초^{Gaucho}라는 아르헨티나 카우보이들이 추던 춤이었는데 그 춤이 도시의 뒷골목으로 들어와서 탱고로 변신한 것이다.

초기에는 선술집에서 하층 서민들이나 잡부들이 추는 춤이라서 아르헨티나 고급 사교계와 토착민들에게는 탱고가 환영받지 못하고 경시 내지는 냉대를 받았었다. 초기 탱고는 즉흥적인 연주에 거칠고 투박한 동작이라서 중상류층의 정서와는 맞지 않았고, 오늘날의 정제되고 세련된 탱고와는 거리가 멀었기 때문이다.

▲ 카미니토 거리와 주변 상가.

  그러나 1910년 이후부터 유럽에 상륙한 탱고는 앙헬 비욜도^{Angel Villoldo}라는 전설적인 작곡가에 의해 공연을 가지면서 유럽인들의 주목을 받기 시작했다. 정열과 향수를 품은 아르헨티나의 탱고는 파리를 기점으로 전 유럽을 풍미하게 되는데, 탱고가 폭발적인 인기를 끌게 된 것은 공개적인 장소에서 몸을 가장 밀착시킬 수 있는 커플 춤이었기 때문이다.

  당시의 사교무도의 대부분은 남자와 여자가 서로 떨어져서 춤추었고 어쩌다가 왈츠처럼 남자가 여자의 허리에 가볍게 팔을 감는 정도에 불과 했다. 그런데 탱고는 종래의 어떤 춤보

▲ 기타 치는 인물 조각(카미니토 거리).

다 파트너의 얼굴과 몸이 밀착되어 서로의 호흡이나 체온을 강하게 느끼면서 종래의 춤과는 비교가 안될 만큼 관능적인 것이었기에 탱고에 열중하게 된 것이다.

　한때 탱고는 파리를 완전히 사로잡았다. 1912년경엔 프랑스 신문과 잡지들이 탱고와 탱고 음악에 관한 기사로 문화면을 장식했다. 너나 할 것 없이 탱고에 관심이 많았기 때문에 온갖 상품엔 탱고라는 이름을 붙이고 향수·음료수·란제리 등 그 이름이 탱고가 아닌 것이 없을 정도였다.

▲ 카미니토 거리의 화려한 벽화와 조각.

▲ 여행객들과의 탱고(무희들이 나와 손을 잡아준다).

탱고 음악의 발생을 얘기할 때 빼놓을 수 없는 것이 〈반도네온〉이라는 독특한 악기다. 아코디언을 변형한 것으로, 독일인 반트H. Band가 고안해낸 것인데 그의 이름을 따서 반도네온 Bandoneon으로 불린다. 1880년경에 탱고 밴드에 합류한 이 악기는 뼈저린 설움과 한을 느끼게 하는 깊고 매혹적인 음색으로 탱고 음악 전체에 큰 변화를 불러일으키면서 피아노·바이올린 등과 함께 탱고 밴드의 주역 악기로 선풍을 일으켰다.

이렇게 탱고가 유럽을 휩쓸고 세계를 사로잡은 것은 그 시대의 정치상황과 문화적 배경이 잘 맞아 떨어져 이민자와 빈민들의 생활공간에서 도심의 유흥가로 옮겨가면서 어둡고 가난

▲ 카미니토 거리 주변 상가.

한 이미지를 벗고 화려하고 도회적인 상류층의 문화로 자리매김 된 것이다.

초기의 탱고는 꼼빠드리또Compadrito : 일종의 건달와 유곽과도 밀접한 관계가 있었다. 그러나 그 후 탱고는 이민자의 향수를 달래주면서 대중적인 음악이 되었고, 또 이민자가 새로운 나라에 정착을 하는데 문화적 매개가 되었음은 물론이다.

오늘 이 시각에도 울긋불긋한 원색의 카미니토 거리에는 특이한 복장을 한 나이 지긋한 중장년층들의 남녀가 서로 부둥켜안고 시선을 의식하지 않은 채 음악에 맞추어 탱고 춤을 추고 있을 것이다.

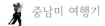

부에노스아이레스
거리의 탱고와 탱고 디너 쇼 　아르헨티나

탱고는 아르헨티나 국민들에게 특별한 정서가 깔려 있는 것 같다. 아르헨티나를 여행해 본 사람이면 누구나 겪어보는 일이겠지만 거리나 가게 앞에서 탱고 춤을 추는 사람들을 가끔 볼 수 있기에 말이다.

보카 항구의 카미니토 거리가 아니더라도 부에노스아이레스의 번화하고 유명한 거리에서 삥 둘러선 관객들의 환호 속에 탱고를 열심히 추고 있는 풍광이 아주 자연스럽게 그리고 특이하게 느껴졌기 때문이다.

부에노스아이레스에서 가장 볼거리가 많은 몬세라트지구^{Barrio Monserrat}에서 5월의 광장과 국회의사당을 관광하고 번화한 플로리다 거리^{Calle Florida}를 관광했다. 이곳은 대표적인 외국인 쇼핑가로 유럽에서 유행하는 최신 모드를 부티크^{Boutiqu}에 진열해 놓고 전국에 유행을 선도하며 퍼뜨리는 유명한 상가가 집중된 지역이다. 보행자 전용도로라는 이 거리는 많은 사람들로 붐볐다. 넓은 챙 모자에 짙은 색 선글라스를 쓴 멋쟁이 외국인 관광객들이 유독 많이 눈에 들어왔다. 아르헨티나의 중요한 민예품인 가죽제품을 포함하여 다양한 고급 물품들이 화려한 윈도우에서 시선을 유혹하고 많은 행인들의 소비 심리를 부추기는 분위기였다.

그런데 정말 정신을 팔게 한 것은 길 한가운데 판을 벌려 놓고 정열적으로 탱고 춤을 추고 있는 한 쌍의 커플이었다. 맨팔 검정 옷에 붉은 마후라로 목을 감은 강렬한 인상을 주는 여인과 핸섬하게 맵시를 낸 중년남자가 음악에 맞추어 아주 격정적이면서도 활기차게, 빙 둘러선 관람객들이 보는 앞에서 매끄럽게 스텝을 밟으며 춤을 추고 있는 것이 아닌가? 분명 거리 〈예술행위^{Performance}〉도 아닌, 이러한 춤판이 어떻게 도시 한복판에서 벌어질 수 있는 것인지 익

▲ 플로리다 거리 Calle Florida.

숙지 않은 여행자의 마음속엔 호기심과 혼란을 함께 몰아왔다.

　탱고는 먼지가 지저분하게 휘날리는 보카 항의 어두침침한 거리를 배경으로 가난한 사람들의 감정이 얽히고 설켜서 우러나온 노래와 춤이다. 고향을 잃어버린 이민자들의 향수, 거친 삶을 개척하여야 하는 외롭고 지친 사람들의 역사적 배경이 종합적으로 표출되어 이룩된 예술이라고도 할 수 있다.

　이룰 수 없는 사랑. 애인을 뺏어간 무정한 친구. 고향을 떠난 서글픔. 세상을 성실하게 살아

▲ 길 복판에서 멋지게 추는 탱고.

가려 하지만 좌절하는 밤거리 여인의 울부짖음. 이렇듯 사랑을 잃은 슬픔과 고독을 절절히 드라마틱하게 노래한 것이 탱고다.

　삶에 지친 권태감과 고독감. 체념적인 인생관이 지배하는 환경 속에서 무엇인가 강렬하게 호소해 오는 것 같은 느낌의 하소연이 탱고의 본질인 것이다. 이렇게 굴곡지고 그늘진 탱고 탄생의 역사가 밑바탕에 서려 있음에도 불구하고 이곳 부에노스아이레스 사람들은 비교적 성격이 활달하고 낙천적이어서 국내의 경제상황이 어려운데도 탱고에 대한 관심과 열정은

▲ 거리의 탱고.

대단한 것 같았다.

　도심의 거리에는 거리의 악사가 거리 한 복판에서 반도네온과 기타를 치며, 누구나 함께 어울려 탱고의 리듬으로 한때를 즐기며 시름을 잊는 것이다. 탱고는 그들의 생활이며 인생인 것이다.

* * *

탱고 디너 쇼 Dinner Show

어둠이 내렸다. 우리 일행은 일정에 따라 탱고 디너 쇼 공연장으로 갔다. 공연장은 꽤 넓었다. 가장 좋은 상석인 듯한 중간 좌석에 안내되었다. 시간이 좀 일러서인지 공연은 아직 시작되지 않았고 좌석은 많이 비어 있었다. 우선 저녁식사를 하면서 공연을 기다렸다. 그때 화려하게 차려 입은 댄서들이 관객들을 일일이 찾아다니면서 기념 촬영을 유도하면서 자신을 소개했다.

이윽고 빨간 빛을 위주로 한 강렬한 조명이 무대를 비추며 음악이 흘러나왔다. 정장을 한

▼ 탱고 디너 쇼 공연장의 탱고 공연.

▲ 탱고 디너 쇼.

남자와 한쪽 다리를 거의 드러낸, 얇은 드레스를 입은 무희가 춤을 추기 시작했다. 장면이 바뀌면서 음악은 점점 강렬한 음색을 띠었고, 남녀의 몸짓은 빨라졌다. 빠른 템포의 음악에 맞추어 두 댄서는 온 몸과 발놀림의 동작으로 현란하게 춤사위를 이뤄냈다. 애절하게 들리는 바이올린 소리와 전체적인 리듬을 이끌어 가는 야릇한 음색의 반도네온은 간절함을 호소하면서 마음을 흔들고 혼을 뺏어갔다.

쇼는 여러 가지 장르로 계속 되었다. 노래와 마술과 코미디를 사이사이 섞어가면서 한 가지로 이어지는 지루함을 달래주었다. 역시 넋을 빼면서 정신을 집중하게 하는 것은 탱고였다.

▲ 탱고 디너 쇼.

독특한 반도네온의 환상적인 음색과 절규하는 듯한 바이올린의 애절함에 여행자의 마음은
완전히 매료되고 말았다.

　끊임없이 남성의 허리에 감기는 여성의 유려한 다리의 곡선과 함께 절도 있는 동작이 인상
적이었다. 붉은색 조명을 받으며 돌아가는 댄서의 서글프면서도 매혹적인 표정이 나의 시선을
끌어당겼다. 그리고는 끓어오르는 정열을 참다가 한순간에 폭발시키는 듯한 무희의 스텝이 순
간순간 나를 빨아드리는 것 같았다. 더욱이 공연이 끝나갈 무렵 핸섬하게 잘생긴 남자 댄서가
여성을 안고, 눕히고, 돌리고, 일으키면서 인형 다루듯 빠르게 흐르는 선율에 맞추어 탱고를 변

▲ 탱고 공연장의 무희.

화무상하게 이끌어가는 격정적인 춤사위는 여행자의 마음을 환상의 나라로 이끌어가는 듯했다. 맨살 여성의 쭉 뻗은 다리가 상대방 남성의 다리를 감고, 펴고, 미끄러지다 다시 쭉 뻗쳐 일어나더니, 갑자기 까치발을 하듯 상체를 들어 올려 얼굴을 밀착시키고 타오르는 듯한 시선으로 상대를 응시했다. 때를 놓칠세라 음악은 그 순간에도 애끓게 쥐어짜듯이 강렬하게 흘러나왔다. 여행자의 마음은 완전히 도취되어 시간을 잊은 채 밤이 깊어가는 줄을 몰랐다.

탱고는 인간의 모든 감정들을 승화하고 토해내어 음악의 선율에 가면의 옷을 벗어 던지는 하소연의 결정체였다.

부에노스아이레스
레콜레타 묘지와 에비타 아르헨티나

세계 지구촌엔 수많은 나라와 색다른 인종에 걸맞은 여러 가지 형태의 장묘문화가 있다.

아르헨티나의 수도 부에노스아이레스의 도시 한복판에도 우리가 일반적으로 생각하는 정서와는 아주 색다르고 화려한 레콜레타^{Recoleta} 공원묘지가 있다. 이곳에는 역대 대통령 13명과 독립 유공자들, 그리고 5명의 노벨상 수상자들, 정치가, 군인, 화가, 문필가, 시인 등 각계 저명인사들과 재벌들 2,700만 명이 묻혀 있다. 묘지의 숫자만도 5000여 개에 육박한다. 총 7,000여 기의 납골당이 조성되어 있으며, 이 중 70여 기는 문화재로 지정되어 있다.

죽음은 인간에게 있어서 가장 가깝고도 먼 세계이다. 예로부터 죽음에 대한 피안의 세계를 미화하고 막대한 비용을 들이며 가꾸는 문화는 이집트 피라미드 때나 진시황제 때나 지금이나 별반 차이가 없는 것 같다. 사람이 죽어 영원히 잠을 자는 데에도 최고급으로 장식되어 죽어서도 부귀영화를 누리는 고급호화 음택^{陰宅} 도시가 여기에 있다.

묘지 앞에는 널따란 공원이 잘 조성되어 푸른 잔디와 꽃들이 예쁘게 피어 있다. 주위엔 높은 빌딩과 큰 나무들이 더욱 눈길을 끈다. 이 지역은 부에노스아이레스에서 가장 땅값이 비싼 시내 제일 중심지이다. 인근에는 최고급 레스토랑과 유명 쇼핑센터가 밀집해 있고, 주위에는 아르헨티나에서 가장 좋은 대학으로 평판이 나 있는 우바대학교, 국립현대미술관, 골동품 상점, 고급 아파트와 각국 해외공관이 자리 잡고 있다.

레콜레타 공원묘지가 유명해진 것은 아르헨티나의 국모 에비타와 그녀의 가족들이 묻혀 있기 때문이다. 가톨릭 국가인 아르헨티나는 교회 내에 무덤을 쓰는 것이 1822년부터 금지되

▲ 묘지공원 앞에 있는 큰 고무나무(울창한 나무 이름은 인도산인 '꼬메라' 라고 했다).

었다. 그러자 당시 이곳 주지사이던 베르나르디노 리바다비아^{Bernardino Rivadavia}가 수도원의 과수원에다 묘지를 설치하면서부터 교회 내에 무덤을 쓰던 장묘문화가 교회나 수도원 인근의 과수원이나 장원으로 나오기 시작했다. 그러다 1881년에 이르러서는 현재와 같이 담을 쌓고, 상류 지배계층의 호화묘지가 들어서게 되었다. 1893년부터는 서로 경쟁하듯 이탈리아와 프랑스에서 수입한 최고급 대리석으로 묘지를 화려하게 장식하며 웅장하게 조성해 나갔다.

더구나 이곳에는 노동자들의 어머니라고 추앙받고 있는 아르헨티나의 국모인 미모의 에비타와 그 가족들이 잠들어 있다. 거기다 역대 아르헨티나 대통령도 13명이나 이곳에 안치되어

▲ 레콜레타 공원묘지 정문.

있을 만큼 〈레콜레타 공원묘지〉는 아르헨티나 유명 인사들 최상의 유택이라고 한다.

　나는 이곳을 들러보면서, 외관상으로는 죽은 사람들의 묘지라고 하기보다는 구획정리가 잘된 주택단지와 같은 느낌을 받았다. 문을 두드리면 금방 사람이 안에서 나올 것 같은 착각을 일으키게 하는 양택陽宅 마을 같았다.

　그러나 음산함과 적막함, 그리고 엄숙함이 정적 속에서 온몸을 휘감으면서 죽음에 대한 막연한 무서운 관념과 두려움이 머리를 스치고 지나가면서 마음의 평정을 앗아가는 것은 어쩔

▲ 반듯하게 구획정리가 잘된 공원묘지.

수가 없었다. 섬뜩함을 몰고 오듯, 마구 무리지어 돌아다니는 고양이 떼와 창살 사이로 으스름하게 들여다보이는 납골당 안의 모습은 지금까지 우리의 통념 속에 익숙하게 자리 잡은 오싹한 느낌을 안겨주어 절로 고개가 움츠러드는 심리적 불안감을 걷어낼 수가 없었다.

묘지는 각자 가문에 따라 어울리게 한 채의 집으로 건립 되어 있었다. 대체로 동판으로 그 사람의 성함과 업적을 기리는 글이 부착되어 있고, 골목마다 길 이름과 묘소의 번지수를 안내하며 관리가 잘 되고 있었다.

▲ 화려한 성모 조각상.

▲ 잘 꾸며 놓은 레콜레타 공원묘지 안 정원.

　묘지에는 국민 대다수가 가톨릭 신자이기 때문에 성모상을 모셔놓고 정성을 다하는, 그들의 조상에 대한 추념이 동양인 못지않다는 것을 엿볼 수 있었다.

　묘 안에는 응접세트와 꽃, 그림 액자, 그리고 화려한 실내 장식품으로 고인을 기리고 있었다. 밤에 불을 밝히는 전등과 수도 시설까지 갖추어져 있어 그들의 조상의 묘를 꾸미는 정성은 우리의 상상을 초월했다. 이곳 사람들은 자기가 살고 있는 집보다도 훨씬 비싼 값에 묘지를 꾸미고, 묘지를 어떻게 장식하느냐에 따라서 가문과 부를 상징한다고 했다.

　주말이나 휴일에는 항시 이곳을 찾아와 참배하고 묘소를 가꾸고 있다. 특히 〈에비타〉의 묘

▲ 에비타 묘를 알리는 동판.

▲ 내부를 들여다보는 관광객들.

소에는 언제나 화려했던 지난날을 못 잊어 서민들의 참배와 관광객들이 줄을 잇는다고 했다.

에비타의 묘소에는 다른 레콜레타의 귀족과 명망가들의 묘에 있는 근엄한 조각상이나 화려한 부조浮彫 같은 장식은 없었다. 의외로 단출하고 검소했다.

그러나 다른 묘에서 흔히 볼 수 없는 꽃들이 죽은 지 50년이 지난 오늘에도 묘지 문에 수북하게 꽂혀 있었다. 참배객과 관광객들이 휩쓸려 그녀의 살았을 적 업적과 저주의 양대 논란이 끊임없이 이어지고 있었다. 그녀는 마지막 순간까지 국민들에게 자신의 죽음을 슬퍼하지 말라는 유언을 하면서 "영부인이나 정치가가 아닌 '가난한 에비타' 로 아르헨티나 역사에 기록

◀ 파란만장한 삶을 살다 간
생전의 에비타 모습.
(사진 제공=온라인인물뉴스)

▲ 에비타 묘 앞의 동판.

▲ 공원 앞의 조각상.

되는 것이 유일한 꿈이다."라고 했다.

　"극빈자들에게는 우상이요, 부자들에게는 창녀"라는 악평을 동시에 받는 에비타는 극한 대립의 한계가 아직도 설왕설래하면서 그녀의 모순된 삶에 정확한 정의를 내리지 못하고 있는 것 같았다.

* 　 * 　 *

▲ 생전의 에비타와 페론 대통령.

　에바 페론Eva Peron은 1919년 아르헨티나의 대초원팜파스의 시골 마을 로스 톨도스Los Toldos에서 농장 주인과 요리사였던 어머니 사이에서 사생아로 태어났다. 5형제 중에서 에바는 4번째였다. 출생부터 불우했던 그녀의 어린 시절은 가난과 불행으로 얼룩져 있었다.

　에바는 가난한 현실을 극복하기 위해 화려한 배우가 되기를 희망했다. 1935년, 그녀는 무작정 수도인 부에노스아이레스에 도착해 하루 끼니를 해결하기 위하여 온갖 궂은일을 마다하지 않고 곤궁한 생활을 했다. 3류 배우와 아나운서, 모델 등을 거치면서 10여 년간 비참한 생활을 했던 그녀는 자신의 미모가 가장 강한 무기임을 절실하게 깨달았다.

▲ 레콜레타 묘지공원의 젊은이들.

1944년, 마침내 산 후안San juan에서 발생한 지진 피해를 돕는 자선쇼에서 〈후안 도밍고 페론 Juan Domingo Peron〉이란 야심만만한 군인을 알게 되고, 그때부터 그녀의 삶은 극적으로 변화를 일으키게 된다.

그 후 페론의 집권으로 에비타는 가난한 농부의 사생아에서 단숨에 퍼스트레이디로 등극 했다. 가난이 한이 되어서일까? 그녀는 빈민 노동자 천국을 만들겠다는 야심찬 프로젝트를 구상하고, 국가정책의 최우선 순위를 빈민구제로 삼았다. 그리고는 국가의 모든 재정을 노동 자들을 위해 퍼붓게 했다. 에바는 "페론을 위하여"라는 명분을 내세워 기업가들이나 부유층

155

▲ 레콜레타 묘지공원 주변의 아파트 단지와 공원을 거닐며 휴식을 취하는 시민들.

의 재산을 강압적으로 탈취하여 빈민 노동자들에게 무상으로 분배해 주었다. 빈민 노동자들을 향한 그녀의 무상분배 정책과 시혜는 노동자들로부터 열렬한 지지를 받는 정책이 되었다.

노동자 농민들의 천국을 만들겠다던 신념과는 달리, 그녀는 한편으로는 호화스런 사치와 낭비로 아르헨티나 식자들로부터 비난의 대상이 되기도 했다. 그녀는 무작정 빈민들에게 아파트를 지어주어 서민들을 감동시켰고, 누구나 무료혜택을 받을 수 있는 종합병원을 세워 초일류 복지국가를 꿈꾸었다. 하지만 그녀의 그러한 꿈과 정책은 오래 가지 못했다. 인생의 황금기라고 할 수 있는 33세의 젊은 나이에, 페론과 만난 지 10년 만인 1952년, 그녀는 한 떨기의 꽃잎으로 쓰러져버린 것이다.

에바의 갑작스런 죽음에 아르헨티나 전 국민은 광적으로 애도했다. 한 달 간의 장례식은 아르헨티나 역사상 가장 장엄한 국장으로 거행되었다. 비탄어린 통곡 속에서, 그녀의 영전에 꽃을 바치는 애도 인파의 헌화의식으로 국장이 거행되는 거리는 꽃으로 뒤덮였다.

에비타의 포플리즘은 오래 전부터 고착화된 아르헨티나 소외계층의 근본 모순을 방치한 채 임시방편의 사회복지정책으로 끊임없는 인플레이션과 실업, 노동자들의 동요를 불러오게 했다. 종국에는 군부에 의해 페론정권까지 물러나게 만들었다. 20세기 전반, 세계 7위의 경제 부국으로 도약했던 아르헨티나는 그 후 바닥없는 나락으로 추락하는 국가가 되었다.

그 추락의 진정한 원인을 〈에비타의 신화〉만으로 귀결시킬 수는 없을 것이다. 과거 식민 시절부터 뿌리 깊었던 지배계급의 유럽문화 선호 경향과 골수에까지 배인 사치문화, 그리고 무책임한 정치인들의 부패에서 오는 결과도 분명히 한 몫을 했을 것이다. 국민과 함께 고통을 나누며 분담하려 하지 않았고, 페론정권의 시혜적 복지정책만을 쌍수를 들어 받아들이며 노동자들을 당장의 달콤한 사탕발림으로 중독시킨 것도 그 끝없는 추락의 원인이었다는 것을 아르헨티나 국민들은 이제는 알 것이다.

에비타는 죽었다. 그러나 〈에비타의 신화〉는 아직도 많은 아르헨티나 국민들의 가슴속에 그대로 남아 그녀를 그리워하고 있다. 그녀가 1952년 33세의 젊은 나이로 세상을 떠난 지 이미 반세기가 훌쩍 넘어섰건만, 아직도 추모의 행렬이 에비타의 묘소 앞에 줄을 잇고 있음은 아르헨티나 국민들이 아직도 그녀의 환상에서 깨어나지 못하고 있음을 몸으로 보여주고 있는 것이다.

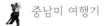

아르헨티나에서 본
이과수 폭포   아르헨티나

세계 3대 폭포라 하면 남아메리카의 이과수 폭포와 북아메리카의 나이아가라 폭포, 그리고 아프리카의 빅토리아 폭포를 말할 수 있을 것이다. 나이아가라 폭포는 상류에서 방류하는 댐의 영향으로 순간에 쏟아내는 물의 수량이 가장 많다고 하고, 빅토리아 폭포는 물의 낙차의 높이가 118m나 되어 세계 최고라고 한다. 하지만 전체 길이가 4km에 이르고 274개의 크고 작은 폭포가 말굽 모양으로 굽이치며 거대한 폭포군을 이루는, 우기에는 초당 1만 3천만 톤의 물이 흘러 쏟아져 내리는 이과수의 위용은 세계 최대 폭포라 아니 할 수 없다.

원래 이과수라는 지명은 원주민 언어인 과라니 Guarani어에서 유래된 말이다. 물이라는 뜻의 〈Igu〉와 "경탄할 만큼 크다."라는 뜻의 〈Azu〉가 합쳐진 말로, Great Water라는 뜻을 가지고 있다.

폭포의 이름을 〈이구아수〉 또는 〈이과수〉라고 부르는데 다 같은 말이다. 폭포의 명칭을 문자로 표기하는 철자법이 나라별로 조금씩 달라 과거 포르투갈의 지배를 받은 브라질 쪽에서는 포르투갈어로 〈이구아수 Iguassu〉라고 하고, 스페인의 지배를 받은 아르헨티나 쪽에서는 스페인어로 〈이과수 Iguazu〉라고 표기하고 있다. 그러므로 이 폭포를 한글로 표기할 때, 〈이구아수〉라 표기해도 되고, 〈이과수〉라고 표기해도 틀린 말은 아니다. 어쨌건, 폭포 최고 낙차가 100m에 이르고, 그 규모와 박력이 상상을 초월해 이름만으로도 〈엄청나게 큰물 Great Water〉이라는 의미를 가장 적절하게 표현하고 있다. 영화 〈미션〉을 이곳에서 찍었고, 연간 100만 명이상의 세계 각국 관광객들이 꾸준히 찾고 있다고 한다. 그러니 얼마나 인기가 있고 유명한가

▲ 폭포까지 다니는 미니 기차(폭포를 관광하려면 미니 기차를 타고 욱어진 밀림 속으로 들어가야 한다).

는 짐작이 간다.

　지난 2006년 여름 이곳 파라나^{Parana} 주 일대에 가뭄이 계속되면서 이과수의 물줄기가 70년 만에 가장 적은 수량을 기록했다고 브라질 기상당국이 발표하여 걱정을 많이 했다. 그러나 우리 일행이 이곳을 탐방하기 전 비가 흡족히 내려 수량이 증가해 폭포의 장관을 볼 수 있어 다행이었다. 이과수 폭포는 브라질과 아르헨티나 두 나라의 국경에 걸쳐 있어 각각 양쪽에서 다른 모양의 위용을 볼 수 있다. 그 중 먼저 아르헨티나의 그 유명한 〈악마의 목구멍〉이라고 불리는 폭포를 만나보자.

▲ 잔잔하게 흐르는 강의 경치가 마치 한 폭의 그림 같은 이과수 강 상류 정경.

　쇠다리를 건너서 이구아수 폭포의 핵심이라 할 수 있는 〈악마의 목구멍〉에 도착하면 지축을 울리는 천둥소리와 함께 발아래에서 물이 떨어지는 장관의 물보라가 주변을 온통 뒤덮으며 눈앞에 펼쳐진다. 위에서 잔잔하게 넓게 흐르는 많은 강물이 양쪽으로 좁게 모여 갈라져 깊은 골짜기를 형성하면서 낭떠러지 틈으로 웅장하게 낙하하는 절정의 파노라마가 바로 그 유명한 신비의 폭포이다. 사람들은 "심연으로 뛰어드는 태양"이라는 말로 묘사하면서 극찬을 한다. 〈악마의 목구멍Garganta Del Diablo〉은 이름처럼 많은 물줄기가 한데 모여 쏟아지는 곳이

▲ 이과수 강의 꽃인 〈악마의 목구멍〉은 폭포의 바로 밑에서 산마르틴 섬과 그란테 섬을 중심으로 2개의
　지류로 갈라지면서 양국 국경을 이룬다.

다. 좀 둥그렇게 생긴 U자형 지형 속으로 굉음을 내며 무섭도록 힘차게 쏟아지는 엄청난 수
량의 폭포다. 잠시 보고 있노라면 그 깊은 웅덩이가 입을 벌리고 정말로 까마득히 소용돌이치
는 밑바닥으로 빨려들어 갈 것만 같은 착각이 느껴진다. 그래서 〈악마의 목구멍〉이라는 이름
이 붙었으며 실제로 이곳에서 자살하는 사람도 많다고 한다. 폭포 위에 쇠창살 난간으로 설치
한 산책로Circulito Superior에서는 바로 발밑에서 물이 구멍 속으로 빨려 들어가기 때문에 감동과
웅장함을 초월해 무서움에 찬 공포감이 서려온다.

▲ 악마의 목구멍.

이과수 폭포의 전설

아주 먼 옛날 이과수 강 주변에 까이깡게스Caiangues라는 인디언 부족이 살았다. 이 부족은 뱀의 형상을 한 〈음보이M'boy〉라는 신을 섬겼다고 한다. 그들은 음보이 신이 세상을 지배한다고 믿고 있었다. 이 부족에는 이고삐Igobi라는 추장과 그의 아주 예쁜 나이삐Naipi라는 딸이 살고 있었다고 한다. 그런데 이 딸이 얼마나 예뻤었던지 그녀가 강가를 거닐 때에는 흐르던 강물마저 멈추고 그 아름다운 자태를 바라보았다고 한다. 이 부족의 전통은 이렇게 아름다운 여인은 평생 혼인을 못하고 음보이 신을 섬기는 신의 여인으로 정해진다고 하는데, 불행히도 이 부족에 따로바^{Taroba}라고 하는 청년이 나이삐 처녀를 보고 첫 눈에 반해 사랑에 빠졌다고 한다.

잔치가 벌어지는 어느 날 모든 부족들이 술에 취해 춤추며 즐거워하는 틈을 타 따로바는 나이삐를 데리고 카누에 태워 도망을 쳤다. 그런데 부족의 신인 음보이가 눈치를 채고 화가 머리끝까지 올라 뱀의 형상을 하고 몸을 비틀며 포효를 하자 땅이 흔들리면서 강의 지면이 요동치며 갈라져 큰 골짜기를 만들어 냈다고 한다.

결국 카누에 몸을 싣고 도망치던 따로바와 나이삐는 험한 물살에 밀려 폭포 속으로 떨어지

▲ 악마의 목구멍에서 포즈를 잡은 필자 부부.

▲ 물소리와 물보라와 물바람이 뒤섞여 정신을 못 차리게 하는 이과수 폭포의 협곡.

고 영원이 흔적도 없이 사라져 버렸다고 한다. 화가 난 음보이 신이 나이삐는 벌로 폭포 중간에 커다란 바위가 되게 하여 쏟아지는 물에 둘러싸이게 하고, 따로바는 가장 큰 폭포인 〈악마의 목구멍〉 가장 자리에 빨메이라Palmeira라는 열매가 나는 나무가 되게 하여 깊은 동굴에 사는 괴물에게 두 사람을 감시하게 하였다고 한다. 폭포가 생기게 된 이유는 분노한 음보이 신의 화가 난 울분에 찬 작품이라고 한다.

▲ Cataratas 역 부근에 있는 Fortin이라는 뷔페 음식점.

▲ 넓게, 그리고 도도하게 이과수로 몰려드는 아르헨티나 이과수 폭포.

▲ 낙차 큰 순간 수량을 자랑하는 이과수 폭포의 위용.

▲ 물보라와 굉음이 정신을 아득하게 만드는 이과수 폭포의 장관.

브라질

브라질^{Brazil}은 우리들에게 파서국^{巴西國}으로 널리 알려져 있는 나라다. 남아메리카 대륙 전체의 절반 정도를 차지하는 광대한 국토는 우리나라(100,210㎢)보다 약 85배가 더 넓은 8,514,047㎢로 세계 5위다. 수도는 브라질리아^{Brazilia}이고, 최대 도시는 상파울루^{SaoPaulo}이다. 인구는 2억 1백여만 명으로 전 국민 74%가 가톨릭이고 15%가 개신교이다. 언어는 포르투칼어^{Portugal語}를 사용한다. 화폐는 헤알(BRL) 화를 사용하며, 2013년 기준 국민 1인당 GDP는 10,957달러로 세계 67위이다. 참고로 한국은 23,837달러로 36위. 시차는 한국보다 12시간 늦으며, 전화 통화 시 국가 코드는 +55번이다. 인터넷 국가 도메인은 BR이며, 정부 공식 홈페이지는 www.brasil.gov.br이다. 매년 거대한 축제가 열리는 브라질의 삼바^{samba}는 원래 포르투갈^{Portugal}의 리스본^{Lisbon} 지역에서 엉망으로 즐기는 광란의

축제였다. 이런 축제가 19세기 무렵 브라질로 상륙해, 목화 경작을 위해 아프리카^{Africa}에서 수입되어 들어온 흑인들이 노동으로 행해지는 가혹행위의 고통을 잊기 위해 그들 특유의 원시적인 노랫가락에 맞추어 율동하였던 몸의 움직임과 리듬이 혼합이 되면서 삼바라는 정의가 세워졌고, 또 삼바축제라는 브라질 최대의 카니발^{Cannibal}이 생겨나게 되었다. 그 후 브라질 정부는 삼바 축제 기간 동안을 국경일로 지정했고, 4일간의 축제를 위해 삼바 학교가 번창해 있다. 해마다 부활절 40일 전에 시작되는 전통에 따라 2월 첫째 주 또는 둘째 주의 토 · 일 · 월 · 화요일의 4일 동안 진행된다. 이때 브라질은 무려 40도에 육박하는 한여름이 되며, 세계 3대 미항인 리오 데 자네이로^{Rio de Janeiro}는 세계 각국에서 6만여 명의 관광객이 몰려든다.

리우 데 자네이루 코르코바도 언덕　　브라질

리우 데 자네이루Rio de Janeiro는 바다와 산과 도시가 잘 어울려 마치 천상의 세계에 와 있는 듯한 느낌을 안겨주는 도시다. 이곳에는 인위적이 아닌, 자연 풍광으로 하늘빛을 닮은 바다가 활처럼 휘감은 모래사장을 향해 파도를 밀어올리고 있고, 활기찬 거리 위로 솟아 있는 티주카 국립공원Parque Nacional da Tijuca이 녹색으로 둘러싸여 있어 마치 정글 같은 느낌을 안겨주기도 한다. 세상에 어떻게 이런 곳이 있을 수 있을까? 이곳을 처음 찾는 사람들의 환성이다. 코르코바도Corcovado의 거대한 그리스도 상은 두 팔을 벌린 채 인자한 표정으로 이곳을 찾는 모든 관광객들을 포근히 감싸 안는 느낌을 안겨준다. 바다 위에 럭비공처럼 우뚝 솟아 있는 팡 데 아수카

르Pao de Acucar는 양 축을 하늘에서 잡아주어 중심의 조화를 이루는 천상의 기물 같다. 근해에는 수백 개에 이르는 조그만 열대 섬들이 배경이 되어 항구를 더욱 돋보이게도 한다. 리우 데 자네이루는 사시사철 기온이 온화하여 생활하는데 불편이 없고, 대기가 청정해서 좋다. 상 콘도Sao conrado 해변은 하얀 모래와 흰 파도가 눈부시게 아름답고, 팝송의 제목으로도 사용될 정도로 세계적으로 유명한 코파카파나Copacabana 해안은 활처럼 휘어진 하얀 곡선의 백사장과 파도치는 물결, 그림같이 아름다운 풍광은 1년 내내 세계 각지에서 몰려든 관광객들로 북적인다.

브라질리아

리우 데 자네이루

브라질에서 본 이과수 폭포   브라질

이과수 폭포는 아르헨티나, 브라질, 파라과이, 세 나라 국경에 걸쳐 위치해 있는 세계 제1의 폭포이자 관광명소이다. 이 폭포는 1939년 국립공원으로 지정되면서 1984년아르헨티나과 1986 년브라질에 각각 유네스코 세계문화유산으로 등록되었다.

폭포를 최초로 방문한 사람은 스페인의 탐험가 〈알바르 누네스 카베사 데 바카Alvar Nunez Caveza De Vaca〉이다. 1541년, 그는 폭포를 보고 "살토 데 산타마리아Saltos de Santamaria"라고 이름 지었으나 곧 이과수라는 본래 이름을 되돌렸다.

이과수 관광은 크게 세 가지로 할 수 있다. 나이아가라 폭포가 미국과 캐나다 양국에서 보여주는 모습이 다르듯이 이과수 폭포도 아르헨티나 쪽에서 좀 더 가까이 다가가 힘차게 곤두박질치는 감동을 만끽하는 것이 하나요, 브라질에서 전체적인 폭포의 모습을 차분하고 여유 있게 감상 할 수 있는 것이 두번째요, 하류에서 스피드 보트를 타고 폭포 밑으로 근접해 물벼락을 맞으며 스릴을 즐겨보는 것이 세번째이다.

더 여유가 있다면 헬리콥터를 타고 폭포 전체를 하늘에서 내려다보거나 보름달빛 아래 폭포가 쏟아지는 물줄기를 구경하는 것이다. 이과수는 월출풍경月出風景이 세계적으로 좋은 곳으로 황토 빛 물이 달빛 아래서 황금색으로 변하니 그 또한 신비롭지 않을 수 없다.

이과수 폭포는 아르헨티나 땅에 더 많이 속해 있다. 그렇지만 강 건너 브라질 땅에서 더 즐길 수 있다. 아르헨티나 쪽에는 271개의 폭포가, 브라질 쪽에는 4개의 폭포가 있지만, 강의 너비와 지정학적 이유 때문에 브라질이 관광객과 수입이 훨씬 많다고 한다. 그러니 아르헨티나 사람들의 마음쓰린 심경이 조금은 짐작이 간다. 이과수 폭포 주위는 울창한 아열대 수림으로

▲ 1986년 유네스코에 등록된 이과수 폭포.

이루어져 있는데, 대나무와 증려나무가 가득 차 있다. 야생 난과 베고니아 따위의 아름다운 꽃과 현란한 색채를 가진 앵무새와 수달 같은 동물들도 서식하고 있다.

이과수 공원의 면적은 650㎢로 발표되고 있다. 우리나라 경기도 면적의 2배 정도 면적이다. 우선 공원 안에 들어서면 지축을 흔드는 웅장한 굉음을 듣게 된다. 천둥소리와도 같은 이 소리는 25km 떨어진 곳에서도 들린다고 한다. 그러니 부풀은 기대감 속에 관광을 시작했다.

끝없이 이어지는 폭포를 따라 강 좌측으로 언덕 산책로가 상류 쪽으로 1.2km 가량 이어져 있었다. 곳곳에 전망대를 설치해 관망 포인트를 마련해 두었다. 산책로 끝에 다다르면 지그

173

▲ 입장 티켓을 검사하는 이과수 폭포 검색대.

▲ 멀리서 본 이과수 폭포의 층계 진 폭포수 낙벽.

▲ 이과수 폭포의 무지개 다리.

▲ 브라질 이과수 폭포 전망대.

재그로 된 좁은 쇠다리가 있는데 일명 〈무지개다리〉라 불렀다. 이곳을 따라가 보면 브라질 쪽 폭포 중 가장 큰 폭포를 가까이서 감상할 수 있다.

　폭포에서 일어나는 안개 핀 물보라에 몸이 온통 젖는다. 그러나 자연의 이 거대하고 신비한 장관 앞에서, 관광객들은 불평하거나 신경질을 내기는커녕 오히려 즐거워했다. 관광객들은 카메라 렌즈에 튀긴 물방울을 닦으면서 우람히 쏟아내는 물줄기를 카메라에 담느라 최선을

▲ 이과수 폭포의 물보라가 운무로 변해 하늘로 올라가는 모습.

▲ 브라질 이과수 폭포 전망대.

▲ 브라질 이과수 폭포의 좌우 낙벽의 흰 물줄기와 파란 하늘이 그려내는 색의 조화.

다하는 모습들이었다. 세상만사 온갖 걱정과 스트레스가 폭포수에 담겨 흘러가듯, 몸과 마음이 시원해지는 듯했다.

이제는 더 이상 탄성도 필요 없었다. 감동도 사라지고 말도 들어갔다. 오로지 낙하하는 폭포의 굉음과 가슴속에서 요동치는 충격의 울림만이 하나로 느껴질 뿐이었다.

연기로 흩어지는 물보라 속에 반원을 그린 무지개다리가 환상적으로 펼쳐졌다. 정말 자연의 조화 앞에 할 말을 잃게 했고, 사정없이 하얗게 포말이 되어 떨어지는 물의 향연이 자연 최

▲ 3단으로 떨어지는 폭포 아래 전망대에서 물보라를 맞으며 환호하는 관광객들.

고의 걸작품으로 느껴졌다. 미국의 루즈벨트 대통령 부인인 〈엘리노이 루즈벨트Eleanor Roosevelt〉는 이과수 폭포를 보고 이렇게 말했다고 한다.

"Oh poor Niagara!(오, 나이아가라는 한낱 부엌 수도꼭지에 불과하구나!)

이과수 강의 마꾸꼬 사파리　브라질

　마꾸꼬 사파리Macuco safari는 통나무로 만든 오픈카를 타고 아열대숲을 지나면서 다양한 종류의 동식물을 보는 투어이다. 가이드는 이곳을 통과하면서 야생식물·나비·앵무새·도마뱀 등을 볼 수 있다고 했다. 차를 세우고 저 나무는 향과 결이 좋아 배를 만드는 재료에 사용된다고 하기도 하고, 또 다른 수목을 가리키면서는 껍질을 벗겨 물에 넣어 물고기를 마취시키는데 효험이 있다고도 설명해 주었다.

　이과수는 폭포뿐만이 아니라 태고적 희귀 동식물이 다양하게 서식하는 자연물전시관이라고 자랑하면서 사진 촬영을 권기도 했다. 중간에서 지프차로 다시 한 번 갈아타고 약 20분 정도 밀림 속을 내려오니 이과수 강의 하류에 이르렀다. 강가에는 보트 계류장이 있고, 고무보트가 몇 척 대기하고 있었다. 잠시 더위를 식히면서 주위를 살펴보았다. 주렁주렁 매달린 주머니 새집이 너울거려 열대 숲의 이색적인 조류의 서식생태가 강과 어울려 신기로웠다.

　잠시 후 우리 차례가 다가왔다. 가이드의 안내에 따라 우리들은 계류장에 옷과 신발을 벗어 보관했다. 그리고는 간단한 옷차림에 우비와 오랜지색 구명조끼까지 입고 보트에 승선했다. 물 맞을 준비를 마친 것이다.

　드디어 쌍발 엔진소리가 터져 나오면서 물결이 크게 일렁이기 시작했다. 보트는 강을 거슬러 올라가며 쾌속으로 질주했다. 그러다 좌우로 회전하면서 쏜살같이 달릴수록 물결은 더 크게 일어났다. 보트 뱃전에 부딪치는 물결의 타격은 커졌다. 폭포가 가까워올수록 배는 더욱더 출렁거렸다. 낙하지점에 다다랐을 때엔 폭포에서 나는 굉음에 귀가 멍멍해졌다.

　우리 일행을 실은 보트는 빠른 속력으로 요리조리 좌우로 회전하며 기분을 한참 돋군 다음

▲ 보트 선착장.

폭포 가까이 가서 사진을 찍을 시간을 주었다. 아래에서 올려다보는 이과수 폭포는 또 다른 장관을 연출했다. 눈앞에 엄청난 폭포수가 그대로 떨어지는 모습을 보면 눈을 바로 뜨고 볼 수 없을 정도로 물 폭탄의 장관이 넋을 잃게 했다.

보트는 다시 드르렁거리면서 야생마처럼 난폭하게 방향을 뒤틀면서 돌진했다. 짓궂은 선장은 가속 페달을 밟아 멈춤과 돌진을 반복하여 세찬 물벼락이 온 배안을 뒤덮는 물세례를 선사했다. 물 폭탄이 엄청나게 코앞에 이르는 순간 야수의 아가리 속으로 마치 잡아먹혀 들어가는 느낌이 들었다.

▲ 폭포에 들어가기 직전.

　아! 아아! 여기저기서 머리를 숙인 채 쏟아지는 비명과 자지러지는 소리가 터져 나왔다. 그러다간 곧 이어 까르르 웃는 웃음소리가 들려왔다. 두렵고 즐거운 대혼란의 묘한 아수라장의 순간이 한동안 우리들의 혼을 빼놓는 듯했다.

　이러한 숨 막히는 연출은 폭포를 들락거리며 계속되었다. 세차게 머리 위로 쏟아지는 물벼락에 비명을 지르면서도 내리쏟는 물의 힘에 짜릿한 스릴(?)을 더 맛보고파 계속 손을 흔들어 한 번만 더 돌아 달라고 신호를 보내는 승객들!

▲ 폭포 밑에서.

　그렇게 비명을 지르면서 기분을 내다보면 비닐 우의도 소용없이 어느새 온통 몸은 물로 흠
뻑 젖고 만다. 세상만사 온갖 번뇌가 사라지는 물아일체 속에서 무아의 경지로 빠져드는 상태
였다.

　보트를 타고 이과수강을 스피드와 물보라를 일으키면서 질주하는 스릴을 즐기는 맛도 이
구아수 관광의 한 코스로 좋은 추억으로 영원히 간직될 것 같다.

▲ 레스토랑에서 점심을 먹고 종업원들과 함께 포즈를 취한 필자 부부(사진 촬영을 부탁하자 일손을 멈추고 코믹한 포즈를 취해 주었다).

알베르토 산토스 뒤몽

이과수 강가에는 구리로 조형한 동상이 하나 서 있다. 이 동상은 알베르토 산토스 뒤몽 Alberto Santos-Dumont이라는 브라질 출신의 비행사 동상이다. 커피 재배 농가 집안에서 태어나 18세 때 프랑스로 건너가 평생의 대부분을 그곳에서 지내며 라이트형제와 더불어 비행술의 선구자로 꼽히는 브라질 국민의 영웅이다.

1898년 가솔린 기관을 장착한 연식軟式 비행선을 처음으로 만들어 실험비행을 하였으며,

▲ 알베르토 산토스 뒤몽.

1901년 생 클루에서 에펠탑 사이를 30분 동안에 왕복 비행하여 10만 프랑의 상금을 받아 이목을 끌기도 했다.

미국의 라이트형제보다 조금 늦었지만 1906년 유럽 최초로 동력으로 가는 비행기를 만들어 220m를 21초 동안 공개비행을 하여 세상을 놀라게도 했다. 그러나 그는 자신이 발명한 비행기가 제1차 세계대전에서 무기로 사용된 것을 몹시 괴로워했다. 그러다 1928년 배를 타고 모국으로 돌아오는 도중에 일어난 호위 비행기의 사고로 심한 우울증과 고민 끝에 상파울루 과루자Guaruja 해변가에서 59세의 일기로 자살했다. 이과수 폭포도 비행 도중 그가 발견했다고 전해졌다.

185

새 공원 Parque das Aves

이과수 폭포 관광을 마친 오후에는 브라질 국립공원 게이트 앞에 있는 새 공원을 관광했다. 이곳에는 세계적으로 진귀한 많은 새들을 보호하고 있었다. 약 150종, 900여 마리의 새들을 볼 수가 있었다. 거기다 천연 그대로인 아열대림 정글 속에서 수목이 우거진 1km의 산책로를 따라 정성스럽게 꾸며져 있는 공원을 여유롭게 둘러보는 시간을 가질 수 있어 마음의 안정을 되찾았다.

▲ 관광객의 어깨 위에 앉아 말을 거는 브라질의 국조 앵무새.

▲ 새 공원 안의 홍학.

▲ 멋진 부리를 자랑하는 새 공원의 새.

이타이푸 수력발전소　브라질

이타이푸Itaipu 댐은 현재 세계에서 발전용량이 가장 큰 수력발전소이다. 브라질과 파라과이가 공동으로 양국 국경을 따라 흐르는 파라나 강Parana river에다 18년간에 걸쳐 대형 댐을 건설한 것이다.

댐 길이 1,4060m. 높이 185m. 저수지 면적 1,350㎢. 저수량 2,010억㎥. 물 배출량 매초 58,000㎥이다. 이과수 폭포의 약 30배에 달하며, 전력 생산량은 1,260만Kw로 브라질 전체 전력 수요의 25%, 파라과이에 80%를 공급하고 있다고 했다.

이 댐은 1975년부터 1991년에 걸쳐 공사비 18억 불(한화 약 20조 원)을 투입, 브라질과 파라과이가 4만 명이 넘는 인부를 동원해 건설한 것이라고 했다.

건설에 소요된 자재 중 쇠와 강철은 380개의 에펠탑을 만들 수 있는 양이고, 콘크리트는 영불 해협의 유료터널에 소모된 양의 15배에 달하는 규모라고 했다. 미국 토목학회ASCE에서 20세기의 7대 불가사의한 구조물로 선정했다고 하니 얼마나 거대한 공사였는지는 가히 짐작이 간다.

근래 양쯔 강에 건설 중인 삼협댐이 완공되면 발전용량이 세계 최대가 될 것이라고 하는데 이타이푸 발전소의 공식 홈페이지에는 나머지 발전소 2대를 증설할 경우 연간 전력 생산 면에서 900억Kwh/yr로 삼협댐의 847억Kwh/yr을 상회한다고 하면서 삼협댐을 두려워하지 않는다고 한다.

더욱이 파라나 강이 양쯔 강보다 기후 측면에서 평균 강수량이 많고 균등한 편으로 수원 확보가 훨씬 안정적이라는 사실을 들면서 세 겨루기를 한 바도 있다. 아마존에 다음 가는 남미 제2의 강인 파라나 강은 브라질과 파라과이의 국경을 따라 흐른다. 폭포는 이과수강에 있고

▲ 전망대에서.

댐은 파라나 강에 건설되었으므로 폭포와 댐을 따로 거친 물은 20km쯤 아래로 흘러 합류하게 된다.

이곳이 브라질과 아르헨티나와 파라과이가 맞닿는 3국의 국경이다. 이타이푸 댐은 토착민인 과라니어Guarani語로 〈노래하는 돌〉이라는 뜻을 담고 있다. 이곳을 찾는 하루 관광객 수는 약 1,500명에 이른다고 한다. 먼저 버스에서 내려 영화관으로 들어가 건설과정과 규모, 환경과 생태, 그리고 폭포의 아름다운 경관을 약 20분 동안 관람하고 본격적으로 경내 관광에 들어갔다.

189

▲ 이타이푸 발전소 배수관 모습.

▲ 이타이푸 발전소 뒤 전망대.

▲ 이타이푸 발전소 뒷모습.

경내 관광은 먼저 전망대에서 댐 규모를 바라보는 것을 시작으로, 버스에 올라 댐 밑으로 지나면서 위 아래로 터빈 모습과 콘크리트 토목공사를 둘러보는 코스로 진행되었다.

저수의 물은 바다와 같이 끝이 안 보였다. 물을 조절하는 여수로Spillway는 충분한 저수량이 미달했는지 수문을 차단하여 물은 흐르지 않았다. 그러나 배출 통로인 콘크리트 시설의 모습은 어마어마하게 컸다.

가이드의 설명에 따르면 파라과이는 할당된 공사비를 조달하지 못하여 브라질에서 충당하고 사용하게 했다는데, 브라질과 아르헨티나의 파라과이에 대한 삼각관계는 묘하다고 했다.

▲ 이타이푸 발전소 배수관.

▲ 이타이푸 발전소 저수 배출 통로.

파라과이는 브라질과 아르헨티나보다 모든 국력 면에서 훨씬 적은 나라이다. 그렇지만 중간에 끼어 있어 자기편으로 만들려는 속셈은 대단하다고 한다. 파라과이는 이런 양국의 심각한 측면을 잘 이용하여 등거리 외교로 눈치를 보면서 실익을 챙기는 측면도 많이 있다고 했다.

라파인 디너 쇼

저녁에는 석식과 함께 브라질·아르헨티나·파라과이 세 나라의 화려한 전통 민속춤을 관람했다.

라파인Rafain 디너쇼는 브라질·아르헨티나·파라과이 접경지대인 이과수 폭포를 관광하고 저녁식사를 하면서 즐기는 3국의 혼합 전통 민속 쇼이다. 탱고를 비롯하여 남미 특유의 민속

▼ 라파인 디너 쇼.

▲ 디너 쇼 공연.

춤을 화려하게 연출하여 피로에 젖은 관광객들을 잠시나마 흥으로 피로를 잊게 하는 쇼의 잔치다.

국내에선 흔히 볼 수 없는 악기와 리듬과 춤으로 이방인을 매혹시켰다. 남미 특유의 피리 음색엔 형용할 수 없는 애절함과 정취가 가슴을 에이 듯 지나갔다. 오랜 기간 유럽의 식민지로 살면서 억압과 수탈의 질곡에서 인고의 세월을 보낸 탓일까? 비교적 생활수준은 낮았으나 낙천적인 남미 특유의 기질은 구석구석에서 엿보였다. 그들은 음악이 곧 생활이고 인생이었다.

리우 데 자네이루
코르코바도 언덕 　브라질

리우 데 자네이루Rio de Janeiro는 브라질 남동부 대서양 연안 구아나바라Guanabara 만에 있는 도시이다. 세계 3대 미항의 하나로 손꼽히는 양항이다. 깎아지른 듯한 기묘한 바위산과 깊이 만입된 넓은 구역에 아늑하게 자리 잡은 도심이 세계 어떤 도시보다 아름답다.

도심 한가운데 자리 잡은 라고아 로드리고 데 프레이타스 호수Lagoa Rodrigo de Freitas와 하늘빛 바다를 휘감고 있는 팡 데 아수카르Pao de Acucar와 보타포고Pria de Botafogo 해안의 하얀 모래사장 은 젊음이 굽이치는 역동적인 푸르름으로 가득했다. 럭비공처럼 바다 위에 우뚝 솟은 팡 데 아수가르의 암봉巖峯과 포타포고 해안이 그림 같이 아름다워 이곳은 브라질 엽서산업을 발달 시킬 정도로 유명한 명소가 되었다.

리우 데 자네이루는 1502년 포르투갈의 항해자 아메리고 베스프치Amerigo Vespucci에 의해 발 견되었다. 카리오카Carioca라고 불리던 포타포고 해안에 처음 닻을 내린 포르투갈 선원들은 바 닷가 구릉 사이를 비집고 들어선 해안을 강으로 착각했던 것이다. 〈1월의 강〉이라는 뜻을 지 닌 리우Rio의 이름도 여기에서 유래된 것이다. 우리나라와는 달리 이곳의 1월은 태양이 한여 름의 강열한 햇빛을 아낌없이 내리쏟는 연중 가장 아름다운 계절이기 때문이다.

리우 데 자네이루는 인위적이 아닌, 자연의 아름다움이 돋보이는 도시이다. 호수와 푸른 산, 파도치는 은빛 모래해변과 독특하고 기묘하게 솟아오른 바위들이 병풍처럼 둘러싸여 하 늘의 축복이라 느껴질 만큼 아름다움이 가득한 도시이다.

가장 높게 솟아 있는 〈코르코바도 언덕Morro do Corcovado〉은 어디에서나 한눈에 볼 수 있는

▲ 코르코바도 언덕의 두 팔을 벌린 그리스도 상.

▲ 멀리서 본 그리스도 상.

▲ 라고아 로드리고 데 프레이타스 호수 Lagoa Rodrigo de Freitas.

해발 710m의 돌산 위에 솟은 바위 언덕이다. 초행인 이방인일지라도 금방 지표로 여겨져 방향을 가늠할 수 있을 정도로 이곳은 중심을 잡아주는 이정표 역할을 하고 있다.

코르코바도 언덕에는 거대한 그리스도 조각상이 제일 먼저 눈에 들어온다. 가파른 언덕 정상까지 오르려면 2량으로 연결된 빨간색 스위스제 케이블식 등산열차를 타야 한다. 철로 가운데에 견고한 톱니바퀴가 마주 돌아가 좁다란 숲길을 단숨에 올라간다.

아열대숲으로 우거진 선로를 따라 언덕 위에 닿으면 우선 세상을 감싸 안을 듯 양팔을 벌리고 서 있는 거대한 그리스도 조각상에 압도당한다. 한없이 인자해 보이는 그리스도 상은 양팔

▲ 리우 데 자네이루 시가.

로 모두를 환영하듯 온갖 괴로움과 즐거움, 그리고 꿈을 찾아 몰려드는 군중들을 넓은 아량과
사랑으로 어루만져 각자의 뜻을 이루게 하려는 듯했다.

　해발 710m의 절벽 위에 우뚝 서 있는 이 그리스도 상은 브라질의 천재 조각가 〈헤이토르
다 실버 코스타Heitor da Silva Costa〉의 작품이라고 하는데, 1931년 브라질 독립 100주년 기념으로
만들었다고 했다. 그리스도 조각상의 높이는 30m. 양팔의 길이는 28m. 무게는 1,145톤에 이
른다. 어찌나 높은지, 사진을 찍으려면 바닥에 누워서 간신히 구도를 잡아야 카메라 파이더
Finder에 들어올 정도이다.

▼ 해발 710m 절벽 위에
우뚝 서 있는 예수그리스도 상.

▲ 경마 클럽Jockey Club과 이파네마Ipanema 해안.

이렇게 큰 스케일의 그리스도 상은 전신에 브라질 〈미나스 제라이스Minas Gerais〉 주에서 생산되는 납석을 입혔다고 한다. 해안지구에서 보면 햇빛을 받는 새하얀 십자가와 같이 보이고, 해가 질 석양 무렵에는 조명을 받아 어둠 속에 떠 있는 신비한 구원의 성화처럼 보인다.

코르코바도 언덕에 올라서서는 마치 그리스도가 된 기분으로 리우 데 자네이루 시 전체를 사방으로 조망할 수 있다. 끝이 안 보이는 대서양 수평선에 조화롭게 잘 다듬어진 도시 경관은 오랫동안 끊임없는 사랑과 정열의 역사 속에서 공업과 관광으로 일궈낸 근대적 남미의 최

▲ 경마 클럽Jockey Club 경기장.

▲ 마라카나 축구경기장 Maracana Stadium.

대 무역항임을 과시한다.

　브라질이 자랑하는 세계 최대의 축구경기장으로서 좌석수 15만5천 석. 최대 수용 인원 22만 명 규모. 그러니 축구경기장 규모가 얼마나 큰지 상상이 안 간다. 이 축구장은 1950년 피파Fifa 월드컵에 대비하여 심혈을 기울여 건설했다. 바라던 대로 브라질은 결승전에서 우루과이와 우승을 놓고 겨루었다고 한다. 단일 경기로는 전무후무前無後無한 20만 관중 속에서 예정대로 첫 골을 브라질이 넣으면서 이기는가 했는데 결국 역전되어 부풀었던 영광의 꿈은 사라졌

▲ 라고아 로드리고 데 프레이타스 Lagoa Rodrigo de Freitas(호수와 가늠이 안 가는 하늘과 바다).

다. 승리를 장담했던 관중들은 뜻하지 않게 패하자 성난 난장판으로 급변했고, 당황한 주최 측은 어이없는 사태에 우승컵 수여와 폐막식 수습에 진땀을 흘렸다고 한다.

축구 황제 펠레가 1,000골을 넣고, 매표 또한 18만 3,000장을 기록했다니 이것만으로도 브라질은 만족하고 자랑스러워해야 하지 않을까? 시내 도심 주변은 우뚝 솟은 빌딩들이 자연의 풍치와 잘 어울렸고 인공의 지혜가 조화를 이루면서 숲처럼 도시를 균형 있게 잡아 주었다. 곡선의 하얀 백사장과 먼 해안선은 흰 파도와 함께 한 폭의 풍경화처럼 다가왔다.

▲ 라고아 로드리고 데 프레이타스 호수 주변 풍광.

▲ 럭비공처럼 바다 위에 솟은 팡 데 아수가르와 포타포고 해안이 엽서산업을 발달시킬 정도로 유명한 풍광을 자랑하고 있다.

시내뿐 아니라 코파카바나Copacabana와 이파네마 해안Praia de Ipanema 그리고 라고아 로드리고 데 프레이타스 호수Lagoa Rodrigo de Freitas, 멀리 보이는 팡 데 아수카르Pao de Acucar와 플라멩고지구flamenco地區, 보타포고해안Pria de Botafogo과 국제공항까지 그림 같이 펼쳐져 너무나 수려한 경치에 숨이 절로 막힐 지경이었다.

리우 데 자네이루 해안과
대성당 그리고 삼보드로모 브라질

리우 데 자네이루 하면 세계적으로 유명한 곳이 많다. 바다와 산과 도시가 잘 어울려 마치 천상의 세계에 와 있는 듯한 느낌을 안겨주기도 한다. 이곳에는 인위적이 아닌, 자연 풍광으로 하늘빛을 닮은 바다가 활처럼 휘감은 모래사장을 향해 파도를 밀어올리고 있고, 활기찬 거리 위로 솟아 있는 티주카 국립공원Parque Nacional da Tijuca이 녹색으로 둘러싸여 있어 마치 정글 같은 느낌을 안겨주기도 한다.

세상에 어떻게 이런 곳이 있을 수 있을까? 처음 내가 이곳을 찾았을 때, 코르코바도의 거대한 그리스도 상은 두 팔을 벌린 채 인자한 표정으로 이곳을 찾는 모든 관광객들을 포근히 감싸 안는 느낌을 안겨주었다. 바다 위에 럭비공처럼 우뚝 솟아 있는 팡 데 아수카르는 양 축을 하늘에서 잡아주어 중심의 조화를 이루는 천상의 기물 같았다. 근해에는 수백 개에 이르는 조그만 열대 섬들이 배경이 되어 항구를 더욱 돋보이게도 한다.

리우 데 자네이루는 이런 천혜의 지리적 환경에 감사하지 않을 수 없으며 실로 하늘의 축복인 것이다. 더욱이 사시사철 기온이 온화하여 생활하는데 불편이 없어 좋고, 싱그러운 푸르름으로 항상 대기를 정화시켜주니 청정해서 좋다. 상 콘도Sao conrado 해변이 아침 햇살에 반사되어 하얀 모래와 흰 파도가 눈부시게 아름답다. 하늘도 축복해주듯, 어제까지 5일째 계속 비가 내렸다는데, 우리 일행이 도착한 날은 청명하고 화창하게 창공을 드러내 보이며 뭉게구름이 두둥실, 우리들의 기분을 한층 더 업그레이드 시켜주었다. 오늘은 팝송의 제목으로도 사용될 정도로 세계적으로 유명한 관광 휴양지인 코파카파나Copacabana 해안으로 가기로 예정되어 있었다.

▲ 호텔 16층 객실에서 촬영한 리우 데 자네이루 항구 전경.

　활처럼 휘어진 곡선의 하얀 백사장과 파도치는 물결, 그림같이 아름다운 풍경은 1년 내내 세계 각지에서 몰려든 관광객들로 북적인다. 긴 해안선을 따라 백사장과 차도 사이에 흑백 모자이크 블록으로 물결치는 무늬를 수놓아 깔아 놓았다. 흑인과 백인의 조화를 나타내려는 단순한 의미라고 한다. 산책로를 걸으며 수많은 브라질 국민의 다양한 혼합 민족구성체를 상상하면서 인종의 색깔과 인간의 각종 모습들을 떠올렸다.

　해안선을 따라 늘어선 야자수는 따갑게 내려 쪼이는 햇빛을 가려주어 한결 여유로움을 안겨주었다. 보통 코파카바나 해안이라 하면 레메Leme 해변으로부터 아르포아도르Arpoador까지

▲ 상 콘라도Sao conrado 해변.

▲ 리메Leme 해변과 팡지 아수카르가 보인다.

▲ 흑백 무늬로 깔은 모자이크 보도와 야자수들.

▲ 파란 바다와 하얀 파도 그리고 황토색의 모래톱이 한 폭의 그림이다.

▲ 코파카바나 해변도로.

5km를 생각하는데, 정확한 것은 코파카바나 요새 Forte de copacabana 부근부터 호텔 르메리디앙 Le meridien이 있는 프린스 이자벨 Prince Isabel 대로까지 약 3km 지점까지를 말한다. 동쪽으로 약 1km는 레메 해안으로 불러야 맞다.

코파카바나 해안과 접해 있는 애틀랜티카 Atlantica 대로는 고급호텔과 레스토랑, 카페 등이 즐비해 언제나 많은 사람들로 붐비는 도로다. 저녁에도 기념품을 파는 노점상이 많아 리우 데 자네이루 관광의 중심지가 되는 곳이다. 최근에는 소매치기 때문에 신선함을 잃어가고 있지만 그 자연의 아름다움과 활기찬 모습은 그대로다.

211

대성당, 메트로폴리타나

메트로폴리타나Catedra Metropolitana 대성당은 1964년에 착공해 1976년에 완공된 원추형으로 설계된 피라미드형 건물이다. 높이 80m, 직경 106m로 2만5000 명을 수용할 수 있는 이 성당은 성당이라는 이미지와는 좀 거리가 있는 특이한 형태를 지니고 있다.

겉으로 보기에는 소박한 원뿔형의 거대한 건축물로 보인다. 그렇지만 안으로 들어가면 그 웅장한 내부의 엄청난 큰 공간에 놀라게 된다. 벽 전체가 12면 구조물로, 둥근 바닥에는 기둥이 하나도 없다. 4곳에 출입문이 있는데, 천장을 향하여 폭 10m의 화려한 색채 유리가 뻗어 올라가며 현란하게 빛을 발했다. 스테인드 글라스장식은 정말 찬란했고, 공중에 매달아 놓은 그리스도 상이 유독 눈길을 끌었다.

▼ 안에서 본 메트로폴리티나 대성당 강단.

▲ 밖에서 본 대성당, 메트로폴리타나Catedra Metropolitana 전경.

▲ 공중에 독특하게 매달린 십자가.

이은천 중남미 여행기 _ 라틴 아메리카

리우의 카니발이 열리는 삼보드로모

해마다 2월초에는 리오데 자네이루에서는 불타오르는 정열의 카니발인 세계적인 삼바축제가 4일 동안 열린다. 리오 카니발^{Rio Carnival}은 삼보드로모^{Sambodromo} 특설 대회장에서 최고의 절정을 이루는데, 이곳은 오직 카니발만을 위해서 만들어진 야외 특설 공연장이다.

이곳은 표를 사야 입장할 수 있다. 표 값도 천차만별이다. 1층 로얄석은 세계의 부호들이 언제나 차지하고, 나머지 좌석들도 축제 한 달 전에 이미 매진된다고 한다.

삼보드로모는 8만여 명의 관객이 운집하여 광란의 행사가 진행된다. 댄서와 하나가 되어 음악에 맞춰 삼바리듬에 몸을 흔들어 대는 그들의 열정에는 머리를 흔들 정도다.

▼ 카니발을 위해 건설된 특설 대회장 삼보드로모Sambodromo.

▲ 카니발 의상을 빌려주는 숍.

　축제 기간에는 이곳뿐 아니라 전 도시가 삼바리듬으로 휩싸이면서 흥분 하는데, 각 지역의 삼바 학교대항 〈가장행렬 콩크르〉가 가장 화려하다. 리오 카니발은 처음에는 유명한 삼바 클럽들이 모여 만든 그들만의 행사였는데, 삼바를 사랑하는 브라질 사람들의 자발적인 참여로 명실 공히 브라질을 대표하는 축제로 발전되었다. 몸속의 모세 혈관이 몸 밖으로 튀여 나올 것 같이 흥분에 휩싸이게 되는 화려한 축제도 내면을 보면 아픈 역사 속에서 탄생된 몸부림이 었다는 것을 알 수 있다.

▲ 의상만 빌려 입고 기분만 내본 일행들.

《삼바samba》는 아프리카에서 노예로 끌려온 흑인들에 의해 처음 시작되었다. 포르투칼이 브라질의 원주민인 인디오를 몰아내고 이곳을 점령했고, 이들은 이곳의 비옥한 대지에 사탕수수를 심기 시작해 노동에 필요한 노예들을 아프리카에서 강제로 끌어왔다.

흑인 노예들은 온종일 힘든 노동을 끝내고 잠자리에 들 때면 언제나 고향을 그리워했고, 굶주린 배고픔의 고통도 참아야 했다. 슬픔과 고통을 잊기 위해 고향에서 즐겼던 노래와 춤으로 그 시간을 위로하고 달렸던 것이 바로 지금의 삼바의 역사다.

217

▲ 지난 2013년 브라질 삼바축제 페레이드 모습 1(사진 제공=온라인인물뉴스).

세월이 흐르면서 삼바는 변천하여 지금은 브라질을 대표하는 화려한 문화로 자리 잡고 있지만 브라질 사람들에겐 아직도 삼바는 현실의 고통을 잊게 해주는 치료제로 쓰인다.

1996년 UN 보고에 따르면 브라질은 세계에서 가장 부의 분배가 불평등한 나라로 평가받고 있다. 브라질인들 중 4천만 명 이상이 영양실조로 고통받고 있고, 2천 5백만 명이 빈민촌에서 거주하고 있다. 현재도 1천2백만 명의 버려진 아이들이 배고픔에 허덕이고 있다.

이렇게 부와 빈이 분명하게 구분되어 있어 1년에 단 한번 리오 카니발이 열리는 기간에는

▲ 지난 2013년 브라질 삼바축제 페레이드 모습 2(사진 제공=온라인인물뉴스).

이들도 모두 한 마음으로 이 축제를 즐기면서 지난 한해의 지겨웠던 고통을 잊는다. 이들에게 삼바는 곧 마음의 안식이자 평화이기 때문이다.

리우 데 자네이루
빵 지 아스카르   브라질

리우 데 자네이루^{Rio de Janeiro}의 빵 지 아스카르^{Pao De Acucar}는 우르카 해안^{Praia Urca}과 베르멜랴 해안^{Praia Vermelha} 사이 작은 반도에 절벽으로 된 화강암 산을 말한다. 럭비공이나 달걀처럼 기묘하게 솟아 있는 이 바위산은 〈설탕빵〉이라는 애칭도 갖고 있다. 〈빵〉은 포르투갈어로 〈빵〉이라는 우리나라 말과 같고, 〈아스카르^{Acucar}〉는 설탕이라는 뜻이다. 인디오시대 때는 태평양 해안의 위협을 감시하는 전망대 구실도 했다.

이 바위산은 원뿔형의 남성 성기와 같다 해서 〈성기산〉이라고도 불렸다. 관광지로 개발되면서 새 이름을 응모하여 당선 된 것이 〈빵 지 아수카르^{Pao De Acucar}〉로 결정되었다.

빵 지 아스카르란 사탕수수를 가공할 때 쓰이는 쇠통을 뜻한다. 바위산의 모습이 꼭 이 통을 뒤집어 놓은 것과 비슷하다 하여 붙여진 이름이다. 높이 396m의 돌출된 빵 지 아스카르^{일명, 슈가로프} 산의 정상에 오르기 위해서는 베르멜랴^{Vermelha} 해안 가까이에 있는 제1로프웨이 승선장에서 케이블카를 타고 해발 220m의 우르카^{Urca} 언덕으로 올라가야 한다.

여기서는 보타포고^{Botafogo} 해안이 정면으로 보인다. 등 뒤로는 빵 지 아스카르가 기다린다. 곧 이어 제2로프웨이를 갈아타면 오른쪽에 코파카바나 해안이, 왼쪽엔 우르카 해안과 플라멩고 공원이 투명한 유리창을 통해 들어온다. 스르르 공중으로 떠오르는 케이블카 안에서 펼쳐지는 리오의 풍치는 정말로 그림 같이 환상적이다. 이때 약간의 현기증 같은 스릴이 온 몸을 엄습하면서 전율과 같은 야릇한 쾌감이 밀려온다.

정상을 밟으면서 눈앞에 펼쳐지는 경관은 마치 바다 위 공중에서 육지를 내려다보는 듯한

▲ 보타포고 해안Botafogo과 바토무슈 선착장.

황홀감에 취하게 된다. 확 트인 바다와 아름답게 그려진 해변의 모습은 필설로는 도저히 다 형용할 수 없는 장관이다.

대서양 바닷물 위로 우뚝 돌출된 이 오묘한 절벽의 바위산은 리오의 수문장 역할을 하는 병풍 가리개로 코르코도바 언덕의 그리스도 상과 함께 두 축을 이룬다. 정상에는 산책할 공원과 매점이 있고, 난간 주위에 벤치도 있어 여유 있게 돌아다니며 사진 촬영을 할 수 있었다.

▲ 비우바 언덕Morro Da Viuva과 플라멩고Flamengo 지구(플라멩고 지역은 보타포고 해안과 인접되어 만 깊숙이 자
리하여 파도도 조용하며 요트타기에 알맞아 외지의 관광객들보다는 이 도시의 주인인 리오 사람들이 주로 즐겨
찾는 곳이다).

　　우선 세계에서 제일 길다는 리오 니테로이Ponte Rio Niteri 다리가 한눈에 들어오고 공항도 멀리
보였다. 내륙과 섬을 남북으로 연결하는 왕복 6차선의 이 다리는 1964년부터 10년 동안 건설
하여 완공되었다. 교각의 일면은 철근으로, 반대 면은 콘크리트로 시공한 특수공법으로 완성
한 이 다리는 조수간만의 물살과 세찬 해풍으로부터 흔들림을 방지할 수 있다. 니테로이Niteroi
라는 단어는 인디오 말로 〈닫힌 물〉이란 뜻이다.

▲ 정상에서 내려다 본 리우의 풍광.

　건너편 멀리 코르코바도 언덕 그리스도 조각상이 석양에 조명을 받아 성스럽게 서 있었다. 모든 죄를 무한한 자비로 한 아름에 안아 사하여 줄 것만 같았다. 아니 거룩한 모습으로 하늘로 승천하는 모습이었다.

▲ 베르멜랴Vermelha 해안과 산 너머로 코파카바나Copacabana 해안이 빌딩과 함께 활처럼 휘어져 보인다.

▲ 거대한 활처럼 곡선을 그리고 있는 코파카바나Copacabana 해안의 풍광.

▲ 세계에서 가장 긴 리오 니테로이Rio Niteroi 다리와 국내 산투스 뒤몽Santos Dumont 공항.

▲ 노을이 승천하는 소망의 빛처럼 성령으로 변하여 성화같이 그려진 코르코바도 그리스도 상(이런 화면을 담을 수 있 게 된 순간을 행운으로 생각한다).

225

▲ 베르멜랴 해안역 로프웨이 제1승선장에서 바라본 빵 지 아스카르.

▲ 외국에서 여행 온 젊은 연인들이 핸드폰으로 리오 니테로이Rio Niteroi 다리를 배경 삼아 사진 촬영을 하는 모습.

▲ 코르코바도 언덕을 배경으로 포즈를 잡은 필자 부부.

상파울루 동양인 거리와
이피랑가 공원 브라질

상파울루Sao Paulo는 1554년 예수회 수도사가 인디오들의 전도를 목적으로 표고 800m의 촌락에 교회와 학교를 세운 것이 도시의 기원으로 알려져 있다. 도시 이름의 유래는 도시건설 기념미사를 그리스도교로 개종한 기념일에 시행하여 〈성 바울S. Paul〉이라는 뜻을 지녔다고 한다.

초창기 식민시대에는 인구도 많지 않고 주민들의 생활도 아주 빈곤했는데 브라질 오지에서 다이아몬드가 발견되고 북동부의 설탕업에 종사할 노예가 필요해 인디오 사냥을 목적으로 하는 반데이라Bandeira slave hunter=노예 사냥꾼의 거점이 되면서 인구가 팽창되었다.

19세기에 들어와서 이 지역이 커피 재배 생산지의 중심이 되자 다른 지방으로부터 인구를 흡수하면서 세계 각지에서 몰려온 다양한 이주자들로 인종 차별 없이 종족문화가 공존하면서 자유분방한 혼돈 속의 조화를 이루면서 성장을 거듭했다.

시내 분위기는 자유와 정열이 여유로움 속에 녹아 있는 듯했다. 너무나 활기차고 역동적이어서 오히려 두려움마저 느낄 정도였다.

인구 1,700만 명의 남미 최대도시 상파울루는 다른 도시에 비해 명소나 문화유적은 별로 없다. 다만 여러 인종이 만들어내는 다양한 문화와 생활 그 자체가 관광 상품으로 여행자들의 독특한 매력을 느끼게 했다.

〈파울리스타Paulista〉라고 불리는 상파울로 시민은 자긍심이 대단하다.

스스로 정력적인 실생활인이라 자처하며 성취욕에 부풀어 자신감이 흘러 넘쳤다. 가끔 역동적으로 벌어지는 폭력과 오염 등에 불평은 하지만 그래도 대도시를 좋아한다면 세계에서 가장 정열적인 흥분을 즐길 수 있는 상파울루가 제일이라고 엄지를 꼽았다.

▲ 한국인촌의 거리와 음식점 간판들.

▲ 장독대 간판이 붙은 한국인촌의 거리의 음식점 간판.

229

▲ 동양인의 거리와 노점상들.

한국인이 정착한 봉헤찌루

한국인들이 집단적으로 거주하고 있는 지역은 봉헤찌루Bom Retiro라는 곳이다. 교민은 6만 명 정도 된다. 워낙 밀입국자가 많아 정확한 숫자는 헤아릴 수 없다고 한다. 이곳은 먼저 유대 인들이 터를 잡아 소매업을 운영했던 곳이었는데 1960년대 이후 한국인들이 진출하면서 지 금은 교민이 대부분이라고 한다.

▲ 동양인 거리의 일방통행로 전경.

동양인의 거리

유럽인들과 함께 아시아에서는 일본인들이 상파울루 외곽인 리베르다지Librdade에 많이 정착했다. 이곳은 원래 사형집행이 이루어지던 곳이다. 죽음을 통해서 자유를 얻는다는 의미에서 리베르다지라 불렸다.

거리에는 둥근 초롱불 모양의 가로등이 나란히 서 있고, 한자로 상호를 쓴 간판이 눈에 띄어 일본 사람들의 정착촌임을 직감적으로 느낄 수 있게 했다. 세계 여러 나라의 인구가 유입

231

▲ 동양인 거리의 복잡한 노점상 골목.

되어 혼합된 사회구성체라 하지만 지구 반대편의 이 먼 곳에서 이방인으로서 동양문화를 만나니, 참으로 경이로우면서 애착과 향수가 어리었다.

　　그러나 근래에 중국이 개방되면서 일본인의 거리가 점차 중국인에 밀려 일본인들이 많이 떠나갔다. 그로인해 예전의 〈동양인 거리Bairro Oriental〉의 모습이 점점 변해간다고 했다.

이피랑가 공원 Parque de Ipiranga

이피랑가Ipiranga 공원은 세 광장Praça da Se에서 남동쪽으로 약 4Km의 이피랑가 언덕에 있는데 돈 페드로 1세가 독립선언을 하는 용감한 모습의 거대한 청동상이 있다.

1922년 독립 100주년 기념으로 만들어진 이동상은 1822년 9월 7일 포르투칼 황태자 돈 페드로 1세가 말 위에서 칼을 빼들고 "독립이냐 죽음이냐" 라고 외치면서 브라질 독립선언을 한 자리에 세워진 것이다.

▼ 자유분방한 젊은이들.

▲ 돈 페드로 1세 동상("독립이 아니면 죽음을 달라." 고 외쳤던 브라질의 첫 황제 동 패드로 1세의 기념상).

*   *   *

   브라질의 독립은 역시 나폴레옹Napoleon과 관련이 있다. 1807년 나폴레옹이 포르투갈의 리스본을 공략을 하자 다급해진 포르투갈의 왕실은 영국함대의 보호를 받으며 왕족을 비롯하여 정부 관리 등 1만여 명이 브라질로 모두 피신을 한다.

   이러한 대규모 이동이 브라질은 실질적으로 포르투갈의 본국이 되면서 1808년 황태자 돈 후안은 무역의 자유화와 공업개발 억제정책 철폐 등의 조치를 취함으로써 대영무역이 활발해져 브라질경제는 번영의 길로 나간다.

   1820년 포르투갈에서 호헌혁명이 이러나 정부가 국왕의 귀국을 강력히 요구하자 돈 후안6세D. Joao VI는 황태자 돈 페드로D. Pedro를 남겨두고 리스본으로 귀국하게 된다.

1822년 본국의회는 브라질 자치 제한을 강화하고 다시 식민지 상태로 되돌리려고 황태자를 본국으로 소환을 하자 강력한 브라질의 반대와 항거로 홀로 남겨진 돈 페드로는 설득과 협박에 회유되어 결국 9월 7일 이피랑가Ipiranga 강가에서 독립을 선언하고 1824년 3월 25일 헌법을 제정, 브라질은 독립한다.

부왕의 입장에서는 그리 달갑지 않은 일이나 어쨌든 돈 페드로는 브라질의 초대 군주로서 지도권을 잡아 "돈 페드로 1세"가 되고 입헌군주국으로서의 황제가 된다.

그러나 그는 우루과이를 놓고 아르헨티나와 분쟁을 일으켜 통치력 부족의 구실을 삼아 다섯 살인 아들에게 1831년 양위를 하게 되고 의회가 1840년까지 섭정을 했는데 지방에서 폭동이 자주 일어나 나라가 뒤숭숭해지자 14살인 황제 돈 페드로 2세가 왕위계승을 하게 된다.

그러나 브라질의 많은 정치 사회적 모순이 앞을 가로막아 입헌군주국에서 공화국으로 변모하는 과정에서 많은 피를 흘리게 된다.

광활한 공원 안에는 브론즈 조각의 독립기념상 외에도 기하학적 무늬로 다듬어진 정원등이 있고 푸른 잔디와 녹음이 드리워져 시민의 쉼터 역할을 하였다.

파울리스타 박물관

이피랑카 공원 안에는 〈파울리스타 박물관Museu Paulista〉이 있다. 근대 상파울루의 역사적 유품과 자료를 중심으로 특히 귀족들의 생활용품과 구식 총 등이 전시되어 있었다. 2층에는 "독립이냐 죽음이냐"라는 독립선언문의 모토 Independencia ou Morte와 거대한 그림이 전시되어 있어 눈길을 끌었다.

이 역사박물관은 이탈리아인 베지G. Bezzi가 설계했고, 프랑스의 베르사유Versailles 궁전을 본따 시공했다. 원래 이곳은 포르투갈 귀족의 저택이었다고 했다.(박물관 안은 사진 촬영이 금지되어 유물 등의 모습을 담지 못했다.)

▲ 파울리스타 박물관Museu Paulista 전경.

▲ 파울리스타 박물관Museu Paulista 앞에서 필자 부부.

이은천 중남미 여행기_ 라틴 아메리카

▲ 파울리스타 박물관Museu Paulista 옆길의 노점상들.

페 루

잉카^{Inca} 제국의 영광이 살아 숨 쉬는 페루^{Peru}는 남아메리카에서 3번째로 큰 면적을 차지하고 있는 국가이다. 11세기 말 중부 안데스^{Andes} 지역에 나타난 잉카족은 12세기 초반 수도 쿠스코^{Cuzco}를 중심으로 현재의 에콰도르^{Ecuador}, 볼리비아^{Bolivia}, 칠레^{Chile}를 어우르는 약 5,000㎢에 달하는 대제국을 건설하여 찬란한 잉카 문명을 꽃피웠으며, 대한민국 국민들의 기억 속에는 수많은 봉우리와 가파른 협곡으로 그 위용을 자랑하는 안데스 산맥의 허리에다 잃어버린 공중도시, 마추픽추^{MachuPicchu}와 프레콜롬비아^{PreColombia} 시대의 유적을 간직하고 있는, 일생 중 꼭 한번은 가보고 싶은 나라이기도 하다. 국토 면적은 우리나라(100,210㎢)보다 약 13배가 더 넓은 1,285,216㎢로 세계 20위다. 수도는 페루

인구의 3분의 1인, 8백만 명이 거주하는 리마^{Lima}이다. 인구는 2013년 기준 2천9백8십여만 명으로, 세계 42위. 종족 구성비는 아메리카 원주민 45%, 메스티소 37%, 나머지는 스페인계 백인과 흑인이며, 종교는 로마 가톨릭이 81%를 차지하고 있다. 언어는 아이마라어^{Aymara語}, 에스파냐어^{Spanish語}, 케추아어^{Quechua語}를 사용한다. 화폐는 누에보 솔^{Nuevo Sol}(PEN) 화를 사용하며, 2013년 기준 국민 1인당 GDP는 6,797달러로 세계 89위. 참고로 한국은 23,837달러로 36위. 시차는 한국보다 14시간 늦으며, 전화 통화 시 국가 코드 번호는 +51번이다. 인터넷 국가 도메인은 PE이며, 정부 공식 홈페이지는 www.peru.gob.pe이다.

쿠스코, 잉카 제국의 향기를 느낄 수 있는 도시   페루

쿠스코Cuzco는 페루Peru의 수도 리마Lima에서 비행기로는 1시간, 자동차로는 2박 3일정도 달려 가야 하는, 안데스 산맥 해발 3,399m 지점인 페루 남부 쿠스코 주의 주도에 자리 잡고 있다. 수 도 리마에서 남동쪽으로 약 1천㎞ 떨어진 곳이다. 널리 세력을 떨쳤던 잉카Inca 제국의 수도로 서 쿠스코Cuzco는 케츄아어Quechua語로 배꼽(또는 중앙)을 뜻하는 의미를 지니고 있다. 이 도시 주변지역으로 우아타나이 강이 흐르며 삭사이와만Sacsayhuaman 요새와 태양신전, 당시 1백만 명이 거주했던 주거지 등을 비롯해서 광대한 잉카 이전시대 문명과 잉카 문명의 유적들을 살 펴 볼 수 있는 중남미 여행의 백미로 꼽히는 세계적인 관광도시다. 옛날, 잉카인들은 하늘은 독 수리, 땅은 퓨마Puma, 땅속은 뱀이 지배한다고 믿고 있다. 이러한 정신세계를 반영하듯 쿠스코

는 도시 전체가 퓨마 모양을 하고 있으며, 그 머리 부분에는 삭사이와만 유적지가 자리하고 있다. 그러나 1650년에 발생한 일련의 지진들로 인해 도시가 거의 파괴되어 바로크baroque 양식으로 재건되었다. 쿠스코는 그 후 주로 그림 · 조각 · 보석류 · 장식 목공품 등 훌륭한 예술품을 다량 생산하는 중심지가 되었다. 식민지시대에 건설된 중요한 건물들로 1654년 잉카 궁터에 완공된 대성당, 산안토니오 아바드 델 쿠스코 국립대학교(1692) 외에 교회 · 수도원 · 수녀원이 많이 있다. 상공업 중심지인 이 도시에서는 직물 · 양탄자 · 맥주가 생산된다. 교통의 요충지로서 비행기 · 도로 · 철도 등을 이용할 수 있다.

쿠스코의 꼬리칸차와 삭사이와만 페루

쿠스코^{Cuzco}는 해발 3,360m 안데스산맥 위에 자리 잡은 옛날 잉카INCA제국의 수도이다. 쿠스코란 페루 원주민 말인 케추아^{Quechua}어로 "배꼽" 이라는 의미로, 태양신을 숭배한 잉카제국은 자신들을 지구의 중심이라 여겼다. 전설에 따르면 태양신이 자신의 아들과 딸을 티티카카^{Titicaca} 호수에 내려 보내어 황금지팡이가 꽂히는 곳에 정착하라고 계시하였는데 그들이 지팡이를 박고 도시를 건설한 곳이 바로 이곳이란다.

쿠스코는 인구 약 26만 명의 고대 도시로 세계에서 가장 신비하고 불가사의한 잉카문명의 중심부이다. 안데스 분지에 자리 잡고 있다. 13세기 초부터 중앙 안데스 일대를 지배한 잉카제국은 1533년 침략자 〈피사로^{Francisco Pizarro}〉에 의해 정복되기까지 광활한 영토에서 화려한 문명을 꽃피웠다. 당시 문화의 절정기를 맞이했던 쿠스코는 스페인 정복자들에 의해 무참히 파괴, 말살당했다. 그렇지만 잉카제국의 화려했던 석축문화는 축대나 도시 외곽의 성곽에서 그 흔적을 찾아 볼 수 있다 .

태양신을 모시던 신전은 스페인풍 교회가 들어서고 왕이 머물던 궁전은 수도원이 대신해 자리 잡게 되었다. 황금에만 눈이 먼 스페인의 정복자들은 참혹하게 쿠스코를 농락하고 짓밟았다.

스페인의 역사를 보면 다양한 문화가 복합되어 별 거부감 없이 모두 수 용하는 민족으로 인식되어 왔다. 그런데 유독 쿠스코에서만 잉카의 모든 문명과 문화를 파괴하고 철저히 유린하며 단절시켰는데, 이것은 역사의 연속성을 무시한 죄악이다. 그러나 그들의 사가들은 일부 몰지각한 군인과 성직자들이 무차별적인 약탈과 파괴를 식민 초기에만 저질렀다고 변명하고

▲ 비행기에서 본 쿠스코Cuzco 시와 공항 활주로.

▲ 쿠스코Cuzco 공항.

▲ 쿠스코Cuzco 시가지 정경.

합리화하려 했다. 허기야 피사로는 왕실에 제출하는 정복허가서에 서명도 대리인을 시켜 하
는 문맹인이었다고 했다. 그러니 식민지 개척 당시 정복자들은 왕실의 정식 군대가 아닌 일확
천금에 눈이 멀어 달려온 건달이나 깡패가 아닌가 여겨진다.

　　잉카인들은 하늘은 독수리, 땅은 퓨마, 땅속은 뱀이 지배한다고 믿었다. 이러한 정신세계를
반영하듯 쿠스코는 도시 전체가 퓨마 모양을 하고 있으며, 그 머리 부분에는 삭사이와만
Sacsaywaman 유적지가 자리하고 있다.

▲ 파차쿠테크Pachacutq 왕의 동상.(파차쿠테크는 잉카제국의 제9대 왕으로 어릴 적 이름은 유판키Yupanki 였다. 유판키란 잉카 언어인 퀘차어로 명예롭게With Honor란 뜻이다. 파차쿠테크란 이름은 황제로 즉위하고 난 뒤에 대지를 흔드는 사람he who shakes이라는 의미로 지어졌다. 잉카 제국의 제8대 황제 비라고차 Viracocha의 둘째 아들로 태어난 그는 첫째 아들인 우르고를 제치고 왕위를 계승했다. 당시 잉카는 쿠스코 주 변의 조그만 영토만을 지배하는 작은 약소국이었는데 주변의 다른 국가로부터 끊임없이 침략의 위협을 받는 처지였다. 그즈음 창카족의 대대적인 공격이 시작되어 아버지 비라코차 왕과 형 우르고는 겁을 먹고 도망을 쳤고, 둘째 아들인 유판키가 용감하게 싸워 전쟁을 승리로 이끌었다. 그 승리를 기점으로 국민들의 지지를 받 아 제9대 잉카 왕에 등극한 그는 지금의 에콰도르에서 칠레에 이르기까지 잉카제국을 가장 번성시킨 왕으로 남아 있다.)

산토도밍고 성당

　현재 산토도밍고Santo Domingo 성당이 있는 이곳은 잉카제국 시대에는 꼬리 칸차Qorikancha라고
불리던 태양 신전이 있었던 곳이다. 이 신전은 정교하게 쌓여진 훌륭한 석벽과 벽에 금띠가
둘려져 있어 숨이 멈출 정도로 화려했다고 했다. 그런데 스페인 침략자들은 황금으로 장식된
보물들을 파손하여 본국으로 수탈해 갔다. 더구나 무지막지하게 태양신전의 상부를 부수고
그 토대 위에 스페인풍 성당을 건립했다고 했다. 그런 역사를 알고 보니 그토록 잔인하고 무

▼ 쿠스코 아르마스 광장의 산토도밍고Santo Domingo 성당.

▲ 꼬리깐차Qorikancha의 정문 간판.

자비한 약탈의 유린이 또 있었을까 하는 의구심마저 생겨났다.

　1950년 진도 8.4의 대지진이 쿠스코에 일어나 시내를 초토화시킨 일이 있었다. 그때 산토 도밍고 성당은 무참하게 붕괴되었다. 그렇지만 신전의 토대인 석조만은 하나도 뒤틀리지 않고 존재해 잉카 석조의 정교함을 증명해주듯 보여주었다.

　꼬리칸차Qorikancha란 잉카제국시대 궁전의 이름으로 〈Qori〉는 "황금"을, 〈Kancha〉는 "있는 곳"을 나타내는 말이다. 신전의 방에는 금과 은으로 된 찬란한 조각상이 벽장 안에 가득 차 있었는데, 정복자들은 이 금은 보화의 유적들을 운반하기 좋게 고스란히 녹여서 가져갔다

▲ 꼬리깐차Qorikancha 후원.

▲ 잉카 인들의 은조각 예술품.

▲ 꼬리깐차Qorikancha 전사관의 공예품 유적.

▲ 꼬리깐차Qorikancha 유적 전사관.

▲ 꼬리깐차Qorikancha 전사관의 돌 유적.

▲ 꼬리깐차Qorikancha 전사관의 돌 유적.

▲ 예수상.

▲ 석벽.

고 한다. 그러니 얼마나 처참하게 약탈해 갔던가를 짐작하게 한다.

삭사이와만

삭사이와만Sacsaywaman은 쿠스코 동쪽 언덕에 위치한 요새 유적으로, 거석을 조밀하게 쌓아 올린 석벽 구조물을 말한다. 길이가 360m, 22회의 지그재그로 잉카건축의 기본인 3단으로, 즉 지하의 신, 지상의 신, 천상의 신으로 이루어졌는데 잉카의 특이한 석벽 기술로 종이 한 장

▲ 삭사이와만Sacsaywaman 요새 유적의 바위.

▲ 삭사이와만Sacsaywaman 요새의 바위 성벽.

253

▲ 정상에 계절을 가늠하는 해시계 모양을 한 조형물.

들어갈 빈틈없이 정교하게 만들어졌다.

삭사이와만의 건축은 제9대 황제 파차쿠테크Pachacutq 왕 시대에 시작하여 80년이 걸렸다. 하루에 3만여 명이 동원되어 근교의 돌은 물론이고 88km나 멀리 떨어진 오얀따이땀보 Ollantaytambo에서 석재를 운반해 와서 완성시켰다고 했다.

특히 절벽 쪽의 돌은 9m, 5m, 4m의 36톤이나 되는 거석을 정교하게 다듬어 조립하듯 오차 없이 조성했다. 수레바퀴도 없고, 철기문화도 없었던 그 시대에 어떻게 이런 거대한 석재를 운반해 석벽 구조물을 축조했는지 그저 경이로울 뿐이었다.

▲ 쿠스코 레스토랑에서 전통 의상을 입고 차를 나르는 여인(코카인 차는 고산병 증세를 완화시키고 두통에 효험이 있
　다고 하여 이곳 원주민들은 코카인을 재배하여 노동의 피로를 풀고, 의욕을 북돋우고 또 마취제로도 사용한단다).

　　종교적이었는지, 아니면 요새였는지 아직 확실히 밝혀지지는 않았지만 "독수리여 날개를
펄럭이라!"라는 뜻을 지닌 퓨마의 머리 부분에 해당하는 삭사이와만은 쿠스코 전체가 한눈에
보이는 높은 곳에 위치하고 있었다.

　　정상에는 거대한 해시계 모양을 돌 조각으로 땅 위에 그려 놓았는데 당시 중요 농산물이던
감자나 옥수수의 파종 시기나 수확 시기를 가늠하기 위한 24절기를 나타내는 연력(태양력)
역할을 했다고 했다. 잔디로 깨끗하게 다듬어진 광장에선 지금도 해마다 6월 24일이면 태양
의 축제Inti Raimi가 열리며 잉카의식을 그대로 재현한다고 했다.

▲ 점심시간에 안따라로 연주하는 음악을 들려주는 쿠스코의 악사들(잉카의 전통적인 안따라^{Antara}라는 악기는 5~6 개의 길이가 다른 갈대 또는 대나무로 가로 묶어서 연주하는 모둠 피리인데 소리가 독특하고 기이하여 기타와 맞춰 어울리는 음향은 정말 환상적이다).

〈인티 라이미^{Inti Raimi}〉란 원주민어로 〈Inti〉는 "태양", 〈Raymi〉는 "축제"라는 뜻인데 1944 년 움베르토 비달^{Umberto Vidal} 등의 예술가들이 연극으로 처음 재현한 것이 유래가 되어 이제는 1년 중 가장 중요한 제사로 요식을 치르고 있다.

〈태양의 축제〉는 길흉과 안녕을 기원하는 최대의 행사로, 그해의 수확된 옥수수로 빚은 술 과 치차^{Chicha}를 황금병에 담아 태양에 바치는 걸로 시작된다. 그해의 수확은 황제의 은덕과 치적의 공노에 따라 철저히 책임지어 있어 축제도 직접 주재하고 관할한다고 했다.

▲ 관광객이 지나가는 길옆에서 의류를 팔고 있는 원주민들.

    그날만은 쿠스코 시민은 잉카제국의 백성으로 돌아가 옛날의 찬란했던 잉카문화에 파묻히게 되는데 의식이 끝나면 요새 삭사이와만에서는 태양의 축제가 열린다. 해가 서쪽으로 기울 무렵 황제가 이날을 위해 엄선한 산 제물인 〈라마〉의 심장을 투미Tumi로 도려내어 태양신께 바치고 내년 농사의 풍년을 기약하면서 축제는 막을 내린다.

    이러한 잉카의 종교적인 춤과 의식은 성대하고 화려하게 거행된다. 리우의 카니발과 더불어 남미 3대 축제의 하나로 자리 잡으며, 이 축제가 열릴 즈음이면 세계에서 수많은 관광객이 몰려온다고 했다.

땀보 마차이

땀보 마차이Tambo Machay는 "성스러운 샘"이란 뜻으로, 잉카시대의 목욕터라고 했다. 이 샘물은 1년 내내 같은 양의 물을 끊임없이 쏟아내고 있는데 샘이 있는 언덕의 크기로 보아 그 정도의 수량을 항상 흘러내릴 수 있는 물의 근원지를 발견할 수 없다고 한다. 그래서 먼 수원

▼ 언제나 일정한 수량으로 흘러내리는 신비스런 샘터.

▲ 삭사이와만 유적.

지에서 별도의 수로를 통하여 끌어 오리라는 추측을 하고 탐사를 했으나 실패했다고 했다. 그리고 수원을 찾기 위하여 주위의 여러 강과 연못에 색소를 풀어 실험한 적도 있었으나 결국 밝혀내지 못하고 불가사의한 것으로 내려오고 있다.

지금도 원주민들은 이 물로 손과 얼굴을 세 번 씻고, 한 번 마시면, 장수한다고 하여 위생적으로 무방비한 상태라 오염방지를 위하여 접근을 금한다고 했다.

쿠스코에서 우루밤바를 지나가면서 페루

쿠스코에서 마추픽추로 가려면 우루밤바Urubamba와 오얀따이땀보Ollantaytambo를 거처야 한다. 버스를 타고 4,000m를 오르내리며 달리면 주변에 알록달록한 빛을 내는 드넓은 평원과 햇빛을 받아 반짝이는 만년설이 눈을 즐겁게 한다.

흔들리는 버스 안에서 차창 밖으로 스쳐 지나가는 바깥 풍경을 바라보다 보니 그 풍경이 한

▼ 비행기 안에서 잡아본 안데스 산맥의 거대한 산줄기.

▲ 순식간에 구름 속에 묻히는 안데스산맥.

국보다 하늘이 가깝게 닿아 있어 그런지 너무나 아름다워 고산증으로 머리가 아픈데도 불구
하고 가만히 눈으로만 바라볼 수 없어 바삐 카메라 셔터를 눌러댔다.

　5,000m가 넘는 안데스산맥이 한 폭의 그림으로 눈앞에 다가왔다. 잉카인들이 스페인 침략
자를 피해 쿠스코를 버리고 떠났던 바로 그 길이었다. 그 당시 잉카인들은 산언덕을 넘으며
얼마나 침략자들을 저주하였을까?

　안데스산맥의 분지 속에 파묻혀 있는 쿠스코가 정말 높기는 높은가 싶었다. 시내에서 외부
로 나가려면 사방으로 둘러쳐진 산봉우리들을 넘어야 하는데, 다행이 버스 안에서는 고산 중
으로 인한 두통이 반감되어 마추픽추에 대한 기대감에 부풀기 시작했다.

▲ 시시각각으로 변화하는 안데스산맥의 풍광.

*   *   *

어제 저녁 호텔에선 일행 중 몇 사람을 제외하고는 모두들 고산증에 시달려 건강 체크에 매달렸다. 평소 건강이 안 좋았던 부산에서 온 정 사장이 호텔에 당도하자마자 의식을 잃고 로비에서 쓰러져 급히 왕진의사를 불러와 산소 호흡기를 끼면서 응급처치를 받았다.

그러나 주위의 염려와 위로에도 안색은 점점 창백해지고 호흡은 불규칙해져 상태는 호전될 기미가 보이지 않았다. 급기야는 병원으로 입원하게 되었고, 결국 그들 내외와 수지에서 온 이 여사는 후송되어 리마Lima로 되돌아갔다.

▲ 금세 구름층이 몰려와 하늘을 덮어버린 안데스 산맥의 산정.

　마추픽추MachuPicchu와 티티카카Titicaca 호수를 포기한다는 것은 아쉽고 안타까운 일이지만 신체적 한계가 거기까지이니 어쩔 수 없는 일이다. 다행이 나는 두통과 메스꺼움에 아침식사를 거르긴 하였으나 오늘의 여정이 표고가 낮아지는 오얀따이탐보를 거쳐 마추픽추라는 것을 위로하면서 정신력으로 고통을 이겨냈다.

　남아메리카 대륙의 등뼈를 형성하는 안데스산맥은 세계에서 가장 긴 산맥이다. 7,000km가 넘는 산줄기가 남미 7개국에 걸쳐 뻗어있을 뿐 아니라 6,000m급 고봉이 11개, 5,500m 이상의 봉우리는 70개가 넘는다.

▲ 우루밤바Urubamba 시 전경.

안데스산맥 이름의 기원에 대해서는 여러 가지 설이 있다. 산비탈에 만들어진 계단식 밭을 가리키는 안데네스Andenes 케추아語에서 유래했다고도 하고 산맥 동쪽에 사는 안띠Anti 족의 이름에서 유래되었다고도 한다.

안데스산맥은 서쪽으로 움직이는 남아메리카 대륙과 동쪽으로 움직이는 나스카 판Nazca plate이라는 바다 밑 대륙이 부딪쳐 지표면이 솟아올라 생긴 것이라고 한다. 이 충돌 현상은 매년 9~15cm씩 진행된다. 지금도 안데스산맥은 조금씩 키가 크고 있는 것이다. 특히 페루에서는 안데스를 〈코딜레라 불랑카Cordillera Blanca〉라 부르는데, 이는 "만년설로 뒤 덮인 산맥"이란

▲ 아름다운 우루밤바Urubamba 고갯길.

뜻으로 페루의 안데스는 남미 최고의 절경으로 손꼽힌다.

　우루밤바Urubamba란 잉카의 언어인 케추아어Quechua語로 "성스러운 계곡"이란 뜻이다. 쿠스코에서 약 80km 떨어진 거리에 있는 조그만 도시로 색색가지의 꽃과 과일 야채가 풍부하게 넘쳐나는 곳이다. 우루밤바 강과 잉카의 오래된 유적, 인디오 촌락들 옆의 유칼리나무는 풍치를 돋구어 준다. 이곳은 쿠스코보다 고도가 낮아 숨쉬기가 한결 수월하다. 연중 기후도 온난하고 경치도 수려하여 가족 동반의 관광객이 많이 찾아온다고 한다. 천혜의 아름다움을 간직한 휴양지가 아닐까 생각한다.

265

오얀따이 땀보와
아구아스 칼리엔테스   페루

오얀따이 땀보^{Ollantay Tambo}는 잉카문명의 유적과 그 이전의 전설이 혼재하는 곳이다. 쿠스코에서 88km 거리에 있다. 오얀따이^{Ollantay}는 전설의 지배자 꾸라까^{Curaca}의 이름에서 비롯되었고, 땀보^{Tambo}는 케추아어^{Quechua語}로 "여관" 이란 의미를 지니고 있다.

오얀따이 마을은 유일하게 남은 잉카시대의 계획마을이다. 골목길은 규칙적으로 나 있으며 땅은 같은 넓이로 나뉘어져 있다. 일정 공간은 높은 담으로 경계를 쌓아 그 안에서 여러 세대가 함께 살았음을 보여준다. 외부의 담들은 고대 잉카시대의 모습 그대로라고 했다.

오얀따이의 집들은 쿠스코와 마찬가지로 잉카의 초석 위에 세워졌다. 마을이 내려다보이는 높은 산비탈에는 6개의 거석을 세워 놓은 불가사의한 〈태양의 신전〉이 있다.

오얀따이 땀보 마을은 험준한 산봉우리에 둘러싸여 있고, 우루밤바 강이 마을을 관통하고 있었다. 잉카시대에 설치된 수로나 하수도가 오늘날까지 사용되고 있었으며, 해시계를 통해 일력의 절기도 가늠하면서 파종과 수확을 점친다고 한다. 또한 이곳은 마추픽추로 가는 잉카길^{Camino del Inca} 총 90km 중에 있어 트래킹을 하는 사람들의 준비와 휴식처로 이용된다. 그러므로 숙박시설과 등산용품 가게가 많이 있었다.

오얀따이 땀보는 안띠 족의 침략^{스페인 침략전}을 막기 위해 세워진 요새였으 나 실제 군사적인 목적으로 쓰인 때는 망코 잉카가 쿠스코를 버리고 도망쳐 이곳에 자리를 잡으면서였다. 본거지를 이곳에 잡은 망코 잉카는 〈안띠 족〉을 모아 전열을 가다듬어 스페인의 전략을 분석하면서 공격에 대비했다. 그런데 스페인의 에르난도는 잉카를 우습게보고 70명의 기병과 병사들

▲ 철길 옆으로 나란히 흐르는 우루밤바Urubamba 강.

▲ 등산용품을 파는 상점들.

을 이끌고 진격해 왔다. 이에 망코 잉카는 험한 요새적 지형을 잘 활용하여 그들을 격퇴시키는데 성공했다. 망코 잉카는 이 승리로 기세등등했지만, 얼마 후 칠레 원정에서 돌아온 〈알마그로Almagro〉의 대규모 병력 앞에 저항도 제대로 못하고 빌카밤바 정글로 도망쳤다고 했다.

거대한 안데스 산맥의 줄기를 따라 기차는 달렸다. 우루밤바 강은 철길을 동무삼아 평행하게 굽이치며 흘렀다. 창밖 풍경은 황량하기만 했다. 강가에 자란 푸른 나무들은 간간이 무질서하게 협곡을 스치고 갔다. 저 멀리 산비탈에 잉카인들의 오두막집이 두어군데 보였고, 깎아

▲ 오얀땀보에서 행상을 하는 원주민.

▲ 마추픽추로 가는 철길에서 본 행상인과 관광객들(오얀따이 땀보역).

지른 산허리엔 허허롭게 남아 있는 잉카의 성곽들이 눈에 들어왔다.

　기차로 한 시간 반이면 지나는 이 길을 트래킹 코스로는 며칠을 걸어야 간다고 했다.(잉카 트래킹-오얀따이 땀보~마츄피츄) 시간과 체력이 뒷받침된다면 자연을 감상할 수 있고 자신을 시험할 수 있는 좋은 경험이 될 것 같았다. 그들의 젊음과 정렬이 부러웠다.

▲ 오얀따이 땀보역 입구에서 기차를 기다리는 관광객과 잡화상들.

아구아스 칼리엔테스

아구아스 칼리엔테스Aguas Calientes는 "뜨거운 물" 이라는 의미로, 온천욕을 즐기는 휴양지라
고 할 수 있다. 기차에서 버스로 갈아타고 몇 굽이의 험한 산비탈 길을 올라 마추픽추로 가는
환승장이 있는 곳이었다. 여행에 필요한 모든 준비와 쇼핑을 하며 머무르는 유용하고 번화한
곳이기도 했다.

▲ 철로를 사이에 두고 양쪽 길로 다니는 관광객들.

주민 대부분은 상행위로 살아가고 있었다. 철길을 따라 양 옆으로 레스토랑과 가게들이 늘어서 있었다. 외관으로 보기에는 상당히 작은 도시였다. 역 중심으로 집들이 빽빽하게 모여 있어 사람들은 철길을 따라서 빈번하게 왕래하고 있었다.

우리를 인솔했던 가이드 김 양TC은 남미여행의 관광지 중에서 페루가 가장 마음에 들고, 페루 중에서도 이곳 아구아스 칼리엔테스가 어딘지 모르게 매력을 느낀다면서 여기에서 아담한 분식점을 한번 경영해보고 싶다고 했다. 그리곤 알 수 없는 웃음을 지어보였다.

▲ 아구아스 칼리엔테스 철길의 기차와 관광객들.

▲ 철로변 레스토랑.

273

잃어버린 공중도시, 마추픽추   페루

마추픽추Machupicchu는 잉카문명의 모습이 가장 완벽하게 남아 있는 세계적인 유적지이다. 이 유적은 어느 시기에, 무슨 목적으로, 왜 세워졌는지 아직도 정확히 규명하지 못했지만 여러 학계의 관심과 추측 속에서 지금껏 내려오고 있다.

또 마추픽추는 해발 2,280m에 이르는 험준한 산꼭대기에 건설되었기 때문에 산 위에서는 계곡이 다 내려다보인다. 그렇지만 아래쪽에서는 어디에서 올려다보아도 이 유적을 확인할 수 없다.

마추픽추는 1911년 7월 24일 미국의 대학교수인 하이렘 빙엄Hiram Bingham에 의해 발견되어 세상에 알려지게 되었다. 이 서양 학자에 의해 발견되기까지는 높은 산정과 온갖 수풀에 묻혀 있어 잠자고 있었다. 그래서 마추픽추를 "잃어버린 도시" 또는 "공중도시"라 부른다. 잃어버린 도시라고 부르는 이유는 400년 동안 긴 잠에 파묻혀 있었기 때문이다. 공중도시라고 불리는 것은 산과 절벽, 밀림에 가려 밑에서는 전혀 볼 수 없는, 오직 공중에서만 그 존재를 확인할 수 있었기 때문이다.

마추픽추는 총 면적이 5㎢이다. 도시 절반 가량이 경사면에 세워져 있었고, 유적 주위에는 성벽으로 견고하게 둘러싸여 완전한 요새 모양을 갖추고 있었다.

마추픽추에는 약 1만여 명의 잉카인이 거주하고 있었던 것으로 추정하고 있다. 그들은 산정과 좁은 경사면에 터를 잡아 은둔하였기 때문에 스페인 정복자들의 손길이 전혀 닿지 않는 유일한 잉카문명의 유산이라고 말할 수 있다.

정확한 건설 연대는 알 수 없다. 그러나 대략 2,000년 전에 건설된 유적으로 추측하고 있다. 오랫동안 역사 속에 파묻혀 있다 발견되었기 때문에 세계 7대 불가사의 중에 하나가 되었으

▲ 마추픽추 입구.

며, 지난 1983년 유네스코가 지정한 세계문화유산으로 등록되었다.

잉카인들은 그 당시 통용의 문자와 쇠·화약·바퀴를 갖지 못했다. 그렇지만 찬란한 문화를 꽃피웠고, 강한 군대를 유지하면서 태평양 연안과 안데스 산맥을 따라 남북을 관통하는 2만km의 〈잉카 로드〉로 광대한 영토를 통제했다. 황제의 명령은 국민 한 사람 한 사람에게까지 두루 미쳐 새 한 마리도 황제의 명령 없이는 날지 않는다고 했다. 잉카인들은 하늘과 가까이 살면서 "거짓말 하지 말고" "도둑질 하지 말고" "게으름 피우지 말 것" 등 3대 계명을 삶의 신조로 삼으며 태양신을 섬겼다.

▲ 잃어버린 공중 도시, 마추픽추.

마추픽추는 동쪽에서 서쪽으로 이어지는 커다란 층계와 수로에 의하여 남북으로 나누어져 있었다. 남쪽은 농업지구이고, 북쪽은 도시구역으로 구획되어 있었다. 도시구역은 서부의 하난Hanan과 동부의 후린Hurin으로 나뉘었다. 서부엔 주로 사원·왕궁·탑 그리고 귀족계급을 위한 권위적이고 종교적인 건물이 세워진 반면, 동부엔 일반 대중을 위한 주거와 작업장으로 구획되어 있었다.

대략 도시 안의 구획과 배치에서 유적을 보면 태양을 모시는 신전과 생계유지를 위한 산비탈의 계단식 밭, 지붕 없는 집, 농사를 짓는데 이용한 태양시계, 콘돌 모양의 바위, 그리고 제

▲ 푸엔테 루이나스Puente Ruinas 역과 우루밤바 강 협곡.

▲ 반대쪽 협곡의 우루밤바 강.

▲ 가까이에서 본 마추픽추 유적 구조(중앙 잔디밭 광장을 중심으로 동부엔 일반 대중을 위한 작업장이 있고, 서부엔 왕궁을 비롯하여 권위적인 귀족계급과 종교적인 건물이 들어서 있다).

단으로 사용된 것으로 추측되는 거대한 피라미드로 구획되고 배치되어 있었다.

이 도시로 들어오는 길목에는 우뚝 솟은 절벽과 낭떠러지에 통나무다리가 만들어 놓았다. 적군이 침입해 오면 이 통나무를 떨어뜨려 길을 끊는 지혜를 발휘해 외부의 공격에 대해 치밀한 방어책을 쓰기도 했다.

마추픽추에서 가장 눈길을 끄는 것은 수준 높은 건축기술이라 할 수 있었다. 커다란 돌을 다듬는 솜씨가 상당히 정교함을 볼 수 있었다. 돌의 각 변의 길이가 몇 미터가 되었건 모두 다

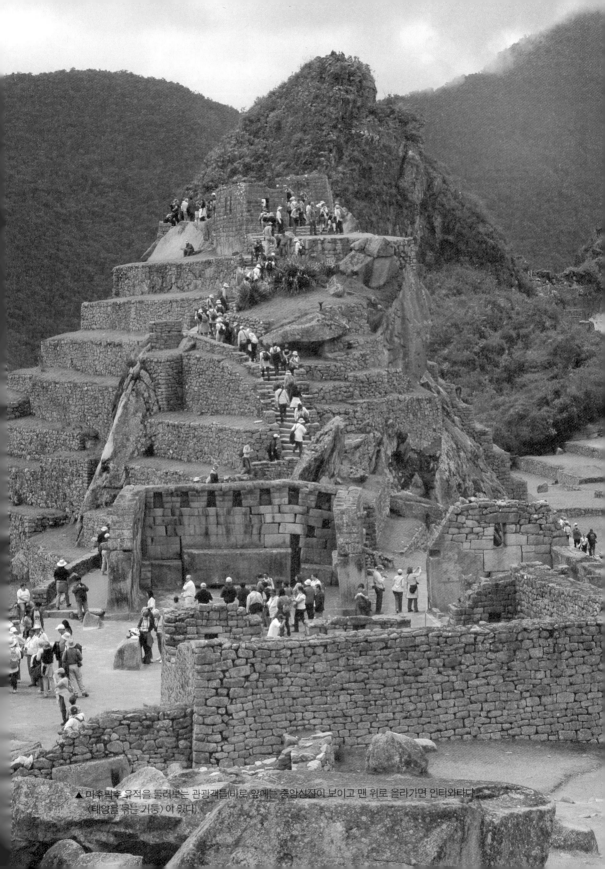

▲ 마추픽추 유적을 둘러보는 관광객들(바로 앞에는 중앙신전이 보이고 맨 위로 올라가면 인티와타나
〈태양을 묶는 기둥〉이 있다).

▲ 장의석 바위(이 평평한 바위는 미라를 만들 때 시체를 햇볕에 말리는데 쓰였을 것이라고 추측되는 곳이다.
근처 묘지에서는 173구의 미라가 발견되었는데 그 중 150구가 여성이었다).

른 제각각 형체의 돌들을 정확하게 잘라 붙여 성벽과 건물을 완벽하게 축조했다.

이러한 고도의 축조기술이 청동기만으로서 가능한 것이었을까?

종이 한 장 들어갈 틈이 없이 단단하고 조밀하게 합석시키는 데에는 젖은 모래를 비벼서 돌의 표면을 매끄럽게 처리했다고 하는데 잉카인의 돌을 다루는 기술은 신기에 가까울 정도였다.

그들은 20톤이나 나가는 큰 돌을 바위산에서 잘라내 수십km 떨어진 산위로 날라다가 신전과 집을 지었다. 또 가파른 산자락을 개간하여 계단식 밭을 만들고 여기에 배수시설까지 완벽

▲ 세 창문의 신전Templo de Las Tres Ventanas(이 신전은 잉카 발상에 관한 전설이 있는데 〈탐프토코〉라는 3개의 구멍에서 8명의 형제자매가 나와 그 중 한명이 제1대 황제 〈망코 카파크〉가 되어 쿠스코에서 잉카제국의 기초를 세웠다는 것이다).

하게 갖추었다. 더욱이 높은 산꼭대기에 과학적으로 물길을 만들어 양수장을 설치하고, 사람이 마시는 음수와 경작을 위해 농수를 흘려보내며 한 방울의 물도 누수 없이 유용하게 사용한 지혜에 머리가 저절로 숙여졌다.

그들이 사용한 가장 큰 돌은 무게가 무려 360톤이나 나간다고 했다. 도대체 이 엄청난 무게의 거대한 돌덩이를 이 높은 산꼭대기까지 어떻게 올렸을까? 마치 가벼운 물건 다루듯 360톤이나 나가는 돌덩이를 이 산꼭대기까지 이동시킨 잉카인들의 석재 이동수단과 기술은 아직

▲ 인티우아타나Intihuatana=해시계(거석을 깎아 기둥 같이 만들었는데 동지때 돌의 모서리를 잇는 대각선을 태양이 통과한다고 하여 보이지 않는 밧줄로 이 기둥과 태양을 묶어 천체의 살아짐을 막는 의식을 거행한 곳이라고 한다).

까지 불가사의한 채로 묻혀 있다. 울퉁불퉁한 자연석을 쓰임새에 맞게 다듬어 종이 한 장이 들어갈 수 없을 정도로 정밀하게 짜 맞추어 조립을 한 잉카인들의 석축기술도 현대의 건축가 들에겐 여전히 경이의 대상이었다.

그들은 산비탈을 계단처럼 깎아 옥수수를 경작했고, 철의 대용품으로 구리를 단단하게 제 련하여 사용했는데 그 묘법도 지금까지 풀지 못하는 미스터리로 남아 있었다.

그런데 마추픽추에서는 또 다른 몇 가지 수수께끼가 발견되었다. 도시의 관문에서 조금 떨

▲ 돌절구Tumba Real=맷돌.

▲ 콘도르의 주둥이.

▲ 콘도르의 날개.

▲ 능묘La Tumba Real(황족의 미라를 안치하고 제사를 지냈을 것이라고 추측되는 곳).

어진 곳에서 앳된 여성들의 미라가 땅에 묻혀 있지 않고 그냥 발견된 것이다. 그 미라로 예측하여 마추픽추의 인구를 약 1천 명 정도로 추정하지만 남자들의 미라가 거의 없다는 점이 큰 의구심을 일으킨다는 것이다.

남자들은 스페인과의 전쟁에 나가 모두 다 전사하고 여자들만 살다가 전염병(천연두)으로 인해 사망한 것으로 추측해 보기도 하고, 또 마추픽추는 선택된 여성만을 위한 "태양의 처녀" 아크야Aqllawasi의 집단 거주지였을지도 모른다는 가설도 전해졌다. 그렇지만 모두 다 추정일 뿐 확실한 내막은 알 길이 없었다.

▲ 태양의 신전.

▲ 정교하게 쌓아진 석벽.

▲ 계단식 밭.

빙엄이 처음 마추픽추에 올라갔을 때 그곳에는 두 원주민 가족이 계단식 밭을 일구며 살아가고 있었다고 했다. 그들이 이곳에 살기 시작한지는 얼마 되지 않았다고 했다. 빙엄의 소개가 이루어진 이후 그들의 행방을 아는 사람은 아무도 없었다고 했다. 빙엄이 죽을 때까지 자신의 위대한 발견인 마추픽추가 빌카밤바여야만 한다는 생각에는 변함이 없었다.

그러나 오늘날 학자들은 마추픽추가 빌카밤바가 아니라는 증거를 다음과 같이 제시했다. 마추픽추가 빌카밤바라면 스페인 거주지와 성당이 있어야 하고 스페인 거주 흔적이 있어야 하는 점, 피난 간 원초적인 도구를 이용한 것 치고는 계단식 밭과 돌집의 형태가 매우 완성도

▲ 돌로 쌓은 건축 구조물과 계단식 터.

가 높다는 점, 도시 전체가 안정된 모습을 띠어 도망간 왕이 건설했다고 믿기 어렵다는 점(시간과 노동력의 여유 측면) 등이 그것이다.

   그러면 마추픽추라는 곳은 어떤 실체를 가진 곳인가? 16세기를 전후해 남미에 거대한 왕국을 형성했던 잉카인들이 1532년 스페인 사람들에게 정복을 당한 후 황금 등을 갖고 도망쳐 비밀기지로 건설했다는 빌카밤바라는 설부터 계단식 밭이 지나치게 넓어 쿠스코 귀족들에게 특별한 농산물인 "꼬까"를 제공하기 위한 농업도시였을 것이라는 설. 종교의식과 천문관측을 위해 사용된 종교중심지라는 설. 아마존과 잉카를 연결한 물류와 교역중심지라는 설. 단

▲ 물 긷는 곳Las Fontanas(물은 멀리 산 저편에서 돌의 홈을 통해 흘러 온 것인데 고도의 기술로서 관개용수로 정비를 철저히했다).

▲ 13굽이 산허리를 올라오는 구곡양장의 길.

지 석공들의 건축 실습장이었다는 설 등 여러 가지 주장들이 분분하지만 아직 정확한 실체는 베일에 싸여 있다.

　왜 이 도시는 아무도 살지 않고 있었으며 스페인 사람들은 이 도시에 대한 기록을 남기지 않았을까? 스페인 사람들은 정말 이 도시의 존재를 몰랐으며 그건 잉카인들이 숨겼기 때문일까?

　모든 문제들은 풀리지 않는 수수께끼로 남아 앞으로도 영원히 풀리지 않을 것이다. 그렇기에 이곳 마추픽추는 많은 의문을 간직한 채 흡인력을 가지고 많은 사람들이 찾아올 것이다.

▲ 종이 한 장 들어가지 않는 석축 축조 기술로 쌓아 올린 석벽과 와이나픽추.

▲ 돌로 쌓은 건축 구조물.

▲ 마추픽추 전망대에서 필자 부부.

아마존 정글,
푸에르토 말도나도　페루

푸에르토 말도나도Puerto Maldonado는 마드레데 디오스Madrede Dios 강과 탐보파타Tambopata 강이 합류하는 모퉁이에 형성된 인구 21,000여 명이 거주하는, 페루에서 가장 작은 도시이다. 아마존 정글 중 가장 보전이 잘되어 있다는 이 푸에르토 말도나도는 18세기 스페인의 탐험가 〈돔 페드로 말도나도〉의 이름을 따서 명명했다고 한다. 브라질로 흐르는 아마존 강의 시원이기도 한 이곳은 탐보파타 국립보건지구에 속해 있는 마드레데 디오스Madrede Dios 주의 중심지로 1세기 전부터 고무 생산으로 유명해졌으며 한때 금과 석유로 붐을 일으킨 곳이기도 하다.

산이 없고 끝이 잘 보이는 않을 만큼 광활한 평지, 인구 2만1천여 명이 거주하는 시골 도시지만 도로는 바둑판 같이 구획정리가 잘 되어 있다. 도로 양 옆을 따라 들어선 집들은 나지막한 단층집과 2층 상가 건물들이 대부분이다. 3~4층 이상의 높은 건물들은 거리 전체를 살펴보아도 보이지 않는 이 시골 도시는 광활한 평지와 어울리게 지상에 바싹 달라붙은 듯한 느낌을 주면서도 도로가 바둑판 같이 구획정리가 잘 되어 있어 아주 시원한 인상을 안겨주었다.

우선 큰 짐을 시내에 보관하고 일행들과 같이 재래시장을 관광했다. 무거운 짐들은 밀림 속으로 들어가는데 장애가 되었기 때문에 여행사에서 마련해 둔 시내 창고에 맡겼다.

재래시장 관광을 마친 뒤, 일행은 모터보트 몇 척과 무동력 카누들이 어수선하게 정박되어 있는 선착장에서 동력 엔진이 달린 카누를 타고 마드레데 디오스Madrede Dios 강을 따라 내려갔다. 붉고 거센 흙탕물이 빠르게 흘러내리는 마드레데 디오스 강은 아득할 정도로 강폭이 넓어 보였다. 강 양쪽으로는 원시림의 무성한 정글 숲이 끝없이 이어졌다. 묵직한 엔진 소리를 내는 동력 카누는 우리 일행을 실은 채, 눅눅한 대기를 품고 스쳐가는 강바람을 가르며 경쾌하

▲ 끝이 보이지 않는 강줄기와 강변의 밀림들.

▲ 상공에서 본 푸에르토 말도나도의 강줄기.

▲ 푸에르토 말도나도의 번화한 거리 모습.

▲ 길 중앙에 하수도가 설치되어 있는 특이한 모습.

▲ 푸에르토 말도나도의 과일 가게.

▲ 과일 가게의 먹음직스러운 열대과일들.

▲ 어수선한 선착장 모습.

게 질주해 내려갔다.

신의 어머니, 즉 성모의 강이라는 말뜻을 지닌 마드레데 디오스 강은 스페인 침략 당시 원주민의 완강한 저항을 받아 스페인이 운반하던 성모 마리아상을 강에 빠뜨리게 되었다고 한다. 그런데 스페인 식민지 시절 정복군이 강바닥을 샅샅이 뒤져 성모상을 건져 올려 잘 봉안함으로써 〈성모의 강〉이란 이름이 붙었다고 했다.

동력 카누를 타고 약 27km 떨어진 에코 아마조니어 로지Eco Amazonia lodge 촌까지 가는 데는 1

▲ 신의 어머니, 즉 성모의 강이라는 말뜻을 지닌 마드레데 디오스 강.

시간 40분가량 걸렸다. 동력 카누를 타고 한 시간 넘게 수상 이동을 하는 도중 가끔 오가는 배와 마주치기도 했다. 강변에는 군데군데 자리 잡은 자연 취락지구와 낡고 허술한 채취선이 강바닥에서 사금을 캐어내는 모습이 간간이 눈에 띄었다. 얼핏 보기에도 열악한 환경 속에서 낙후된 장비로 옛날 방식 그대로의 생업을 이어가는 이곳 영세민의 생활 수단인 듯싶었다.

드디어 동력 카누는 아마존 열대우림 속에 자리 잡은 Eco Amazonia lodge의 선착장에 도착했다. lodge오두막의 건물들은 대부분 천연 자재로 기둥과 석가래, 길다란 회랑의 마루와 지

▲ 가끔씩 강기슭에 나타나는 금 채취선.

붕까지도 풀잎을 촘촘히 엮어 마치 우리 선조들의 초가지붕을 보는 거처럼 친밀감과 운치를
느끼게 했다.

　이곳 지방정부는 환경 보호를 위해 모든 시설물을 자연 자재로만 건축하게 하고, 이를 위반
할 경우 규정에 따라 처벌을 받는다고 가이드는 설명해 주었다.

　주변은 울창한 밀림지대로 파파야 등 이름 모를 과일나무가 주렁주렁 열매를 달고 있었다.
둘레에는 쭉쭉 뻗은 키 큰 나무들이 하늘을 가린 채 빽빽하게 에워 쌓고 있었다.

▲ 관광객을 실어 나르는 로지 촌의 선착장.

▲ Lodge의 모습(갈대 초가로 지어져 친밀감이 느껴졌다).

▲ 방갈로 형태의 로지 촌의 좌측 숙박 시설.

▲ 방갈로 형태의 로지 촌의 우측 숙박 시설.

▲ 에코 아마조니어 로지Eco Amazonia lodge 촌내의 회랑.

　방갈로식 오두막 숙소는 모기의 침입을 막기 위해 창문이 모두 모기장으로 마감되어 있었다. 초저녁 9시까지만 발전기를 돌려 전기를 공급하고 그 이후는 촛불로 대신했다.

　정글 속의 기온은 고온다습하여 찬물로 샤워를 해봐도 잠시뿐이었다. 땀이 가시지 않았다. 그러나 밤이 지나고 새벽이 되니 서늘한 한기가 감돌았다.

　동이 트자마자 각종 새들이 날갯짓하며 온갖 소리로 울어대며 잠을 깨웠다. 맑고 상쾌한 아침 햇빛은 모기장 창살을 비추며 유난히도 찬란하게 방안을 밝혀주었다. .

▲ 금강 앵무새의 화려한 두부와 꼬리.

이은천 중남미 여행기_ 라틴 아메리카

원숭이 섬 관광

Lodge^{오두막촌} 강 건너에 있는 원숭이 섬은 모기가 극성이었다. 모기떼의 습격을 피하기 위해 일행들은 원숭이 섬으로 가기 전에 노출되는 피부의 모든 부위를 가리고 약을 바르며 준비를 단단히 했다.

배를 타고 어느 정도 들어가니, 키 큰 갈대숲과 강변모래밭이 있는 눅진하고 습기 찬 냄새와 끈끈한 더위가 몰아닥치는 섬 기슭이 나왔다. 갈대숲을 넘어 무성하게 울창한 삼림은 말 그대로 정글 그 자체였다. 천연의 자태로 울창한 관목 숲은 하늘을 가렸고, 이름 모를 새와 벌레들의 울음소리, 어디선가 들려오는 낯선 울부짖음이 고요한 적막을 깨뜨렸다.

이 섬은 사람의 발길이 오랫동안 닿지 않아 원숭이들만 살고 있었다. 특이한 관목수와 식물들이 자생하고 분포해 천연의 생태계를 고스란히 지니고 있었다. 자라면서 껍질을 벗는 나무, 괴물 같이 밑으로 가지 친 나무, 공중의 나뭇가지에 매달린 둥그런 개미집 등이 신비로웠다.

가이드가 바나나를 들고 무어라 소리쳤다. 그러자 어디선가 원숭이가 나타나 나무 위를 날아다니면서 혼란스럽게 바나나를 낚아채 갔다. 원숭이의 종류는 까만 털을 가진 몸집이 비교적 큰 놈을 비롯하여 긴 꼬리로 나뭇가지를 감는 누런 놈과 갈색의 아주 작은 놈들이 주류를 이루고 있었다.

▲ 하늘을 뒤 덮은 밀림속의 모습(현지 가이드는 독충과 독초가 주위에 많이 있으니 길을 이탈하지 말라고 주
의를 주었다).

▲ 기이하게도 자라면서 허물을 벗는 나무.

▲ 밑으로 가지를 뻗는 괴물 같은 나무.

▲ 번개 같이 날아와 바나나를 낚아채는 원숭이들.

▲ 꼬리로 나뭇가지를 휘감고 있는 갈색 표피의 원숭이.

▲ 높이 뻗어 올라간 줄기 중간에 혹이 생긴 기이한 나무.

중남미 여행기

락치의 유적과 푸노로 가는 길　페루

　쿠스코^{Cuzco}에서 버스로 푸노^{Puno}로 가다 보면 락치^{Racchi} 유적을 경유하게 된다. 이곳은 해발 3,600m의 고원 분지이다. 그러나 사방으로 안데스 산맥의 고봉들이 병풍처럼 두르고 있어 아늑한 평야 같은 느낌을 안겨준다.

　잉카시대에 가장 거대하고 성스러운 〈비라코차 신전^{Temple De Wiracocha}〉 유적은 락치 마을 한

▼ 고원 분지 사이로 뻗어 나간 락치 마을.

▲ 고원분지에 생성된 락치 유적.

가운데에 있었다. 이곳 역시 스페인 침략자들에 의해 철저하게 파괴되어 유적 입구에는 스페
인풍의 교회가 이방인을 먼저 맞이해 주었다. 이 유적은 원래 프리 잉카시대Pre-Inca(잉카시대 이전)
비라코차Wiracocha 신의 창조 신화에서 유래된 곳이다. 그러나 현재 남아 있는 유적들은 11대
왕 〈와이나 까빡Huaina Capac〉에 의해 지어진 건물들의 일부뿐이었다.

유적지에 들어가니 길이 90m, 높이 15m의 큰 건물이 서 있었다. 그 아래 약 3m는 돌로 쌓
아졌고, 그 위에는 흙벽돌로 쌓아져 있었다. 벽에는 10개의 사다리꼴 모양의 문이 나 있고, 위
에는 빨간 기와지붕을 씌워 놓았다. 그런데 그것은 최근에 흙벽을 보호하기 위한 고육지책이

▲ 유적 입구에 세워진 스페인 풍 교회.

라고 설명해 주었다. 벽의 양 옆으로는 한쪽에 11개씩, 22개의 둥근 기둥이 세워져 있었다. 이 기둥들은 서까래를 받쳐 지붕을 씌울 때 사용했던 것으로 추측되었다. 이 건물은 잉카의 건축물 중에서 가장 크고 아주 독특한 건물로 평가받고 있었다.

오른쪽으로는 6쌍의 똑 같은 건물들이 나란히 서 있었다. 그 구조로 보아병사들의 거주지로 추측되었다. 옆으로 〈삐우라Piura=잉카제국의 사회복지제도의 정수인 공용 창고〉들이 세워져 있었는데, 창고 가장자리에 견고하게 담이 둘러 쳐져 있어 외부의 침입을 방지한 흔적이 느껴졌다. 대부분의 창고는 파괴되었지만 아래쪽 몇 개를 새로 복원하여 원래의 모습을 볼 수 있었다.

▲ 락치 유적.

▲ 기둥을 세웠던 밑 부분 모습.

▲ 락치 유적지에서 목축을 하는 잉카 여인.

▲ 하부를 정교하게 짜 맞춘 돌담으로 쌓은 후 황토 흙벽돌로 상부를 쌓은 락치 유적.

▲ 창고의 모습과 외부 도난 방지를 위한 담 벽(이곳에는 약 200개의 창고가 있었을 것으로 추정되면서 곡물을 비롯하여 생필품을 보관하고 고도의 복지정책을 써 백성들의 불만을 안정시킨 것으로 보인다).

▲ 허물어진 곡물창고 밑 부분.

▲ 락치 마을 기념품 판매점.

식민지시대 초기 학자들의 기록에 따르면 이 신전의 핵심부에는 비라코차 신의 모습이 돌에 새겨져 있었다고 했다. 그는 아주 키가 크고 건장한 남자였으며, 팔은 내렸을 때 손에 닿을 정도로 턱수염을 기르고 발까지 내려오는 긴 옷을 입고 있었다고 했다. 그의 옆에는 날카로운 발톱을 가진 맹수가 한 마리 있었고, 비라코차가 맹수의 목에 연결된 끈을 손에 쥐고 있었다고 했다. 이 모습은 마치 기독교에서 말하는 12사도 중 성 바돌로메Bartholomew 같았기 때문에 초기 스페인 정복자들은 그가 이곳에 와 전도를 하고 문명을 전파했다고 생각했다.

잉카제국이 스페인 소규모 군에 쉽게 멸망한 이유는 여러 가지로 추측할 수 있으나 비라코

▲ 기념품 판매점 여인들의 통일된 복장.

차의 전설신화도 한 몫을 했다고 본다. 물론 형제간의 권력투쟁으로 분열되고 약화된 국력도 주원인이 되었겠지만 오래 전부터 잉카인들 사이에 내려오는 비라코차 전설은 에스파냐의 정복자들에게 도움을 주게 되었다는 것은 부인할 수 없는 일이다.

태양을 섬기며 태양의 아들이라고 주장하는 비라코차는 바다로부터 와서 잉카인을 존중하고 사랑하며 결코 힘을 사용하지 않으며 잉카인들에게 문명을 가르쳐주고 사라졌다고 믿고 있었다. 그리고 잉카인들은 언젠가 그가 다시 되돌아온다는 믿음을 굳게 가졌는데, 그때 희한하게 생긴 동물말을 타고 처음 보는 무기화승총를 들고 몸이 하얀백인의 스페인 사람 여러 명의 사람

▲ 어린애를 업고 양떼를 몰고 있는 원주민.

▲ 노랗게 보이는 황량한 들판과 산들이 이국적이다.

▲ 4,400m 라라야 고개에서 알파카 모피를 파는 원주민.

들이 나타난 것이다.

　사실 그들은 침략자인 에스파냐의 〈피사로 Francisco Pizarro〉 일행이었는데, 잉카인들은 그를 전설 속의 인물로 착각한 것이다. 피사로는 그러한 사실을 재빨리 간파하고 스스로 전설 속의 비라코차로 행세했다.

　한편 잉카 황제 〈아타우알파 Atahuallpa〉는 전설의 비라코차가 다시 돌아왔다는 소식에 비무장의 수행원만 데리고 피사로를 만나러 간다. 그때 피사로는 신부를 앞세워 성경을 내어주고 예수를 믿으라고 했는데 말도 안 통하고 무엇인지도 모르는 잉카의 황제는 그것을 땅바닥에 내던지고 말았다. 에스파냐 군들은 하나님을 거부한 사탄들이라며 일제히 뛰어나와 비무장한 인디언들을 기습 공격하여 순식간에 황제를 체포하고 말았다. 일단 황제가 사로잡히자 후위의 무장한 인디언도 더 이상 저항하지 못했으며 에스파냐군은 짧은 시간에 단 한 명의 병력 손실도 없이 잉카제국을 정복하게 된다. 1532년에 정복당한 잉카제국 멸망의 웃지 못할 역사이다.

쿠스코에서 푸노로 가는 길 풍경

쿠스코에서 푸노까지 하루 종일약 7시간 버스를 타고 가며 창밖의 이색적인 풍광을 포착해 촬영했다. 스쳐 지나가는 산천초원이 너무나 경이로워 눈으로 보고만 있기엔 너무나 아까웠다. 쿠스코와 푸노의 경계인 높이 4,400m인 라 라야 (La Raya) 고개를 넘으면서 신비한 이국적인 모습을 보았다. 표고 4,000m의 길을 달리면서 눈 덮인 험준한 산봉우리들과 황량한

▼ 쿠스코에서 푸노로 가는 고원지대의 이색 풍경.

▲ 빵을 배달하는 원주민 여인.

평원을 삶터 삼아 살아가는 원주민들의 모습 속에서 그들의 고달픈 삶과 애환을 엿볼 수 있었기 때문이다. 빠르게 변천하는 현대문명에 뒤처진 채 옛날 방식 그대로 살아가는 그들의 일상이 어쩐지 마음을 짠하게 했다. 끝없이 펼쳐지는 척박한 벌판에서 목축업을 하며 욕심 없이 살아가는 삶이 순박하다고만 하기에는 너무나 애처로워 보였다. 그러나 푸른 나무 한 그루 보이지 않는 안데스 이색지대에서 원시적 목축생활을 하는 풍경들을 달리는 버스 안에서 서투르게나마 재치 있게 카메라에 담았다는 것이 그나마 행운인 것 같아 마음이 조금은 위로가 되었다.

▲ 푸노 거리의 잉카 여인의 모습.

▲ 푸노 Taypikala Lago Hotel에서 상쾌한 아침을 맞으며(표고는 높았지만 티티카카 호수를 보니 모든 피로가 확 풀리고 오늘의 관광이 기대되었다).

푸노 티티카카 호수의 우로스 섬 　페루

　푸노Puno는 페루의 남부 안데스 산맥의 중앙에 위치한 작은 도시이다. 세계에서 가장 높은 곳표고 3,850m에 위치해 있는 티티카카 호수와 접하고 있으며 산으로 둘러싸여 있다. 잉카의 창시자 〈망코 카파크Manco Capac〉가 강림한 전설로 오랜 전통과 고유의 풍속이 많은 고장이다. 잉카시대에는 천신강림天神降臨의 땅으로써 꽤 중요한 곳으로 여겨졌었지만 스페인 점령 후에는 주민들이 산이나 호수의 갈대 섬으로 내몰렸다. 자신들의 고향을 저 멀리서 바라보며 대대로 한을 달래며 살다가 현재는 푸노로 돌아와 살았다. 그래서 그런지, 거리 곳곳에서 선명한 색깔의 민족 고유 의상을 입은 원주민을 만날 수 있었다.

　티티카카 호수Lago Titicaca는 옛날 잉카의 초대 황제 망코 카파크Manqu Qhapaq가 여동생 마마 오쿠료와 함께 호수에 내려와 태양의 섬에 강림했다는 전설이 남아 있는 아주 신비로운 곳이다. 해발 3,890m에 위치하고 있으며 면적은 8,560㎢로, 여의도 1,000배에 해당하는 넓이다. 최대 수심은 280m로 바다라고 해도 전혀 손색이 없는 호수다. 티티Titi는 케추아어Quechua語로 잉카의 신성한 동물 퓨마를 의미하고, 카카Caca는 돌을 의미한다고 했다. 〈퓨마의 돌〉이란 "빛나는 돌"이란 뜻이다. 잉카 이전 시대에는 〈피카리나〉라고도 불렸는데, 의미는 "모든 것이 태어난 장소"란 뜻이라고 했다.

　이 티티카카 호수는 기선을 운행할 수 있는 호수 중에서 〈세계 최대〉라 는 수사를 달고 있었다. 호수의 거대한 크기만큼 많은 수의 원주민이 살고 있었다. 학교와 병원, 우체국, 교회 등 일상생활에 필요한 여러 편의시설이 갖추어져 있어 호수 가운데서도 별로 불편함이 없다고 했다. 이 호수에는 잉카인들이 오기 전에 벌써 꼬야Colla 족들이 살고 있었고, 그들도 역시

▲ 언덕에서 바라 본 푸노 시가지와 티티카카 호수.

태양신을 숭배했다고 했다. 처음 이곳을 정복했던 9대왕 빠차꾸텍Pachacutec은 자신들의 시조가 태어난 이곳을 신성시해 순금과 순은만을 사용해서 신전을 꾸미고, 쿠스코의 왕족들을 이주시켜 태양신에게 제사를 올리게 하고 달의 섬에는 선택된 처녀들을 머물게 했다고 했다.

이 호수에는 태양의 섬과 달의 섬이 있었다. 두 섬에는 각각 대표하는 신들이 있었고, 그 신을 대표하는 대리인은 서로 왕래하면서 사랑의 메시지를 전하게 하고 서로 맞나 사랑을 나누게 했단다. 그리고 다산과 풍요를 기원하며 태양이 영원히 빛을 발하여 보호해 줄 것을 빌었다. 태양의 섬에 있는 순금과 순은 신전은 스페인들이 침입했을 때 보물을 강탈해 간다는 소

▲ 눈을 시리게 하는 티티카와 호수의 파란 물과 목화솜 구름.

문을 듣고 제사장들이 어디로 옮겼다고도 하고 호수 속에 던져 버렸다고도 했다.

　이 호수에는 한 가지 재미있는 이야기가 전해져 내려왔다. 티티카카 호수 밑바닥 어디인가에 엄청난 양의 황금 보화가 가라앉아 숨어 있다는 것이다. 잉카 황제 아타우알파Atahuallpa가 스페인군에 잡혀 있을 때, 그의 석방을 조건으로 침략자에게 바치기로 하고 나라 전역에서 거둔 황금을 운반 중이었는데 황제가 처형되었다는 소식을 듣고는 황금 모두를 호수에 수장해 버렸다는 것이다. 그 황금이 아직껏 발견되지 않고 있어 많은 고고학자와 탐험가들이 호시탐탐 행운을 잡기 위해 연구하고 노력하고 있다고 했다.

▲ 모든 것이 갈대로 이루어진 우로스 섬.

▲ 갈대로 만든 집과 전망대.

▲ 토토라(갈대과 식물)로 엮어 만든 바루사로 관광객을 실어 나르는 우로스 섬의 사공.

▲ 관광객을 맞이하는 원주민들.

▲ 수공예품을 만드는 원주민.

　푸노의 선착장에서 우로스 섬Islands Los Uros으로 가려면 모터보트를 타고 약 40분 정도 갈대 숲길을 지나 잔잔한 수면 위를 달려야 했다. 시원한 바람을 맞으며 갑판에 오르면 멀리 보이는 수평선과 둥실둥실 구름이 떠 있는 하늘이 커다란 거울로 변해 한 폭의 동양화를 보는 듯했다. 일찍이 파묻혀 있던 주위를 문명의 땅으로 만들어 〈안데스의 축복〉이란 찬사를 받아온 티티카카 호수가 왜 그런 아름다운 전설과 신화 속에서 각광을 받는지 조금은 이해가 되는 듯싶었다.

　우로스 섬은 일반적인 섬이 아니라 토토라Totora라는 갈대를 엮어 만든 〈떠 있는 섬〉이었

▲ 수공예품을 진열해 놓고 파는 원주민.

다. 바닥이 갈대인지라 물에 쉬이 썩기 때문에 매년 새 갈대로 그 위를 덮고 물속으로 가라앉는 것을 막는다고 했다. 한 세대가 사는 3평정도 크기의 섬으로부터 350명이 살 수 있는 큰 섬에 이르기까지 40여 개의 섬이 떠 있었고, 약 700여 명의 주민이 그 떠 있는 섬에서 살고 있다고 했다. 주민은 우루^{Uru} 족이며, 티티카카 호반에서 가장 오래 된 민족이라고 했다. 우루 족은 잉카시대의 지배계급인 케추아^{Quechuana} 족에게 천대 받던 천민들이거나 코파카바나^{Copacabana}에 있다가 스페인들에게 쫓겨 온 아이마라^{Aymara}족의 후예라고 했다. 그런데 그들은 자신들을 "우로우로"라고 부르고 우로스 섬은 우로우로에서 이름이 지어졌다고 했다. 우로

▲ 바루사(갈대를 엮어 만든 배)를 타고 이웃 섬으로 나들이 가는 원주민.

▲ 퓨마 머리 형상의 바루사의 선수와 선미.

▲ Nacional & Internacional이란 간판을 붙인 국제전선소.

▲ 관광객들에게 수공예품을 만들어 파는 원주민 여인과 어린이.

▲ 그물을 쳐놓은 토토라 위에서 노는 우로스 섬의 어린이들.

▲ 보트를 타고 혼자 노를 저어 나들이를 하는 우로스 섬 원주민.

스 섬의 우루 족은 몇 대에 걸쳐 자신들의 고유한 생활형태를 지켜가면서 이곳 호수 위에 떠 있는 갈대 섬에서 살아가고 있는 것이다.

우로스 섬의 토토라Tortora=갈대과의 식물는 섬사람들과 끊으려야 끊을 수 없는 관계를 맺고 있었다. 집은 물론 밭, 불쏘시개, 가축의 먹이 등등 대부분 토토라를 사용하고 있었다. 섬과 섬, 섬과 호반의 마을을 연결하는 유일한 교통수단인 배도 토토라로 만들었다. 퓨마 머리로 앞을 장식한 〈바루사〉라고 하는 이 배는 한 아름씩 토토라를 꼭꼭 묶어서 만든 갈대배인데, 실제로 타보면 보기보다 훨씬 안전하고 견고하게 느껴지면서 운치가 있었다.

▲ 우로스 섬의 명물인 퓨마 머리를 한 바루사와 관광 보트 선착장.

"바루사"라고 부르는 갈대배를 타고 건너편 섬으로 건너가 보았다. 거기엔 그물로 된 양식장도 보였고, 갈대로 만든 호텔도 있고, 기념품을 파는 노점상도 많았다. 뿐만 아니라 유치원과 학교, 전화도 놓여 있는 아주 큰 섬이었다. 이곳은 TV나 언론 매체에 자주 소개된 후 인기관광지역으로 부각되면서 완전히 상업화된 것 같았다. 특이한 생활방식과 고유한 전통을 지닌 인디오 원주민의 참 모습을 보고자 많은 사람들이 오지만 현대문명과 세계인의 약삭빠른상혼이 이미 침입해 들어와 있었다. 섬사람들은 조잡하게 만든 수공예품을 하나라도 더 팔려고 관광객들을 대상으로 호객행위를 하고 있었다. 그들의 호객행위는 순수성을 잃었고, 틀에

▲ 우로스 섬의 토토라(갈대)를 엮어 만든 바루사.

▲ 바루사 앞에서 포즈를 잡은 필자 부부.

▲ 엄청난 크기의 바루사와 우로스 섬 전망대.

박힌 친절로 관광객을 맞이하는 상업적 생활형태가 한순간 실망스럽고 왠지 아쉬운 느낌을 안겨주기도 했다.

　그런데 특히 눈을 끄는 것은 독특한 복장과 둥근 챙이 달린 짙은 밤색 모자를 쓴 여인들의 모습이었다. 얼굴은 따가운 햇볕에 검게 그을렸고, 두 가닥으로 길게 땋은 머리는 등과 허리를 타고 내려와 엉덩이를 살짝 덮고 있었다. 상의는 털 스웨터에, 하의는 부풀린 치마를 입었고, 그 치마 밑으로 바지를 입었는데, 검은 머리와 황색피부 그리고 몽골계 체구는 오랜 세월에도 불구하고 변하지 않아 우리와 너무 흡사했다. 베링 해를 건너 아메리카 대륙으로 건너간

▲ 선생님을 따라 행진을 하는 푸노의 어린이들.

몽골 족의 후예라는 사실이 증명되는 순간이었다. 지구상에서 가장 높은 곳에 위치해 있으면서 그 규모가 가장 크다는 티티카카 호수를 보면서 새삼 자연의 위대함을 느꼈다. 티티카카 호수는 하늘이 가까워선지 파란 물위의 수평선이 눈이 시리도록 부셨고, 고대 잉카의 상징적 우주를 체험하는 듯한 감정도 맛보게 했다.

넓은 호수의 잔잔한 물과 바짝 가까워진 회색빛 뭉게구름 속에서 고요한 평화의 내면을 정리하게 되는 것 같아 여행의 묘미를 또 한 차례 되새겨주었다.

피스코의 파라카스 공원과
바예스타스 섬 페루

피스코^{Pisco}는 리마^{Lima}에서 태평양을 따라 약 200km 정도 남쪽에 위치한 페루 서남부 해안 지역에 있는 조그만 도시다. 케추아어로 "새"라는 뜻을 지닌 피스코는 파라카스^{Paracas} 반도로 나가는 관문에 있으며 나스카, 이카 문명과 함께 고대 사막문명권의 중간지점에 있었다.

페루에는 아직도 잘 알려지지 않은 보옥 같은 지역이 많았다. 피스코 역시 풍성한 역사와 아름다운 볼거리를 갖추고 있었다. 그렇지만 지명도가 낮아 여행자들의 관심도가 그리 높지 않은 곳이었다.

항구도시인 피스코는 태평양에서 불어오는 엘리뇨의 따뜻한 공기와 안데스산맥의 차가운 바람이 만나는 훔볼트^{Humboldt} 해류 현상이 일어나는 지역이었다. 해저 융기현상으로 인한 차가운 바닷물 표면과 더운 지상공기가 만나 새벽녘이면 뽀얀 물안개가 피어올라 주변 모든 것을 삼켜 버렸다. 관광객들은 모래 위에서만 뒹굴 뿐 햇살이 따가워도 물에 들어가기를 주저했다. 그 이유는 바닷물이 얼음물 뺨칠 정도로 냉탕이기 때문이었다.

칸델라부로의 가지 달린 촛대그림

모터 보드를 타고 해안을 조끔 벗어나니 삭막한 모래 산 경사면에 또렷이 그려진 큰 촛대 그림이 나타났다. 나스카 지상화^{地上畵}와 함께 이 지역의 상징인 칸델라브로^{Candelabro} 촛대 지상화였다.

▲ 호텔 정원에서 본 나스카 항 전경.

▲ 사막과 바다가 만나는, 지구상에서 가장 모순된 해안선을 품은 파라카스Paracas 호텔은, 건물 전체가 모두 1층으로 되어 있어 특이한 인상을 주었다.

▲ 페헤레이 만의 모래산에 새겨진 삼지창 모양의 촛대 그림(스페인 사람들은 이 촛대 그림을 그들의 성스러운 하늘의
계시인 십자가로 간주하며 신의 가호를 나타내는 길조라고 했다).

▲ 칸델라브로가 그려진 페헤레이 만의 모래산.

▲ 안개가 조금씩 벗겨지자 어렴풋이 모습을 드러내는 페헤레이 만의 모래산 능선.

폭 70m, 길이 189m, 선 깊이 1m, 선폭 4m의 모래언덕에 새겨진 이 그림은 고대 이곳을 지배했던 나스카문명이 남긴 흔적이라고 했다. 훔볼트 해류의 기상은 염도가 높은 습기 있는 안개를 몰고 와 모래 위의 그림을 오래도록 살아지지 않게 했단다.

이른 아침 호텔을 나설 땐 안개가 휘덮어 습도가 높았다. 그러나 바람이 이를 걷어내 주어 촛대 그림을 선명하게 보여주었다. 우리나라 삼국시대 무기류 그림에서 자주 볼 수 있는 삼지창 형상의 이 촛대 그림은 날씨가 맑은 날이면 멀리 20km 떨어진 곳에서도 보여 항해하는 어

▲ 바예스타스 섬의 코끼리 바위와 물개들.

부들에게는 등대역할을 하기도 했단다.

　일부 학자들은 이 삼지창 그림에 대해서 입항하는 선박용 연안 해안선 표시의 그림이라고 주장했으나 기항하는 배들이 쉽게 볼 수 없는 만의 안쪽에 있어 부정적이었다. 더욱이 삼지창 끝을 하늘로 향하도록 만든 것과 지형이 배가 정박하기엔 너무 험악하고 날카로운 암초로 가득 차 있다는 것이 그 이유였다.

바예스타스 섬

    모터보트는 다시 굉음을 내면서 파도를 가르며 빠른 속력으로 물위를 달렸다. 파도가 뱃전에 부딪치면서 바닷물이 튀어 올라 앞바람이 역겨워 몸을 잔뜩 움츠렸다. 1시간 남짓 내달렸을까 "가난한 자를 위한 갈라파고스"라 불리는 새들의 지상낙원인 바예스타스 섬^{Ballestas Islands}에 닿았다.

    작은 갈라파고스^{Galapagos}라는 별칭을 가지고 있는 바예스타스 섬은 "저렴한 가격으로 동식물의 생태계를 관광하고 감동을 받는데 손색이 없는 섬."이라 하여 붙여진 별명이다. 이 섬은

▼ 새들의 낙원 바예스타스 섬.

▲ 바예스타스 섬의 새떼들.

사람이 살지 않았다. 바다사자와 펭귄을 비롯해 페루에서 서식하는 1,600여 종의 동물과 조류만 살고 있었다.

파라카스 공원Paracas National Reserve은 열대지방에 속해 있지만 남미 특유의 해안선이 형성된 즉, 북쪽으로 물결치는 해류 때문에 바닷물이 차가워 펭귄과 물개가 많이 서식했다. 또한 구름이 너무 차가워 비는 내리지 않고 심해에서 올라오는 영양염이 풍부한 바닷물로 둔갑하여 세계 최고의 어장을 형성하고 있었다. 해안 절벽에는 쉼 없이 들이치는 파도로 멋진 아치가 그려져 있었다. 그리고 그 아치 밑 파란 물속엔 헤엄치는 물개들로 북적거렸다. 바위에 널브

▲ 기묘한 형상의 바예스타스 섬의 바위와 새떼들.

러져 낮잠만 자는 바다사자와 사람을 두려워하지 않는, 큰 부리를 가진 펠리컨 무리가 장관이었다. 잉카어로 "모래 바람"이란 뜻을 가진 파라카스 공원의 동물들은 해안 동굴과 파도치는 평평한 모래사장에서 천혜의 군락을 이루며 살고 있었다.

배가 가까이 가면 자기 영역을 지키려는 듯이 마구 울부짖는 바다사자가 있는가 하면, 주위의 상황 변화 따위는 아랑곳하지 않고 물가에서 서로 몸을 비비대며 천연덕스럽게 사랑을 나누는 암수 바다사자의 모습도 보였다. 거센 파도로 우리가 탄 관광보트의 진동이 몹시 심했다. 그런데도 서로 경쟁이나 하듯 카메라 셔터 눌러대는 소리가 여기저기서 들려왔다. 그러

▲ 작은 갈라파고스Galapagos라는 별칭을 가지고 있는 바예스타스 섬의 물개들.

▲ 관광객을 태운 보트가 접근해도 물개들은 태평스럽기만 했다.

▲ 바예스타스 섬의 바위 계단에서 한가로이 낮잠을 즐기는 물개들.

▲ 자연적으로 터널을 이룬 바예스타스 섬의 아치.

나 조류의 시끄러운 울음소리와 그들의 분비물 냄새, 그리고 파도를 타듯 너울거리는 광광보트의 롤링과 피칭으로 인해 속이 역겹고 배 멀미가 밀려오는 것은 막을 수가 없었다.

그런데도 가이드의 설명이 우리 일행들을 웃겼다. 한때 이 섬 조류들의 분비물들은 구아노Guano라 이름 지어 자연 비료로 세계에 판매되면서 "십억 불의 새"라고까지 명명되었고, 19세기 당시 기업가들에게 엄청난 부를 가져다주기도 했다는 것이다.

나스카 문명과 그 주변 풍경들 페루

전 세계적으로 잉카 문명만큼이나 널리 알려져 있는 고대문명 중의 하나가 나스카^{Nazca}문명이다. 그 중 이들이 사막 위에 남긴 거대한 그림들은 그것을 만든 이들과 만든 이유, 그리고 만든 방법이 밝혀지지 않아 많은 서적과 여행사 정보란에 흥미의 대상으로 취급되고 있는 대표적인 남아메리카의 신비 중의 하나이다.

나스카문명은 서기 200년에서 800년 사이에 북부의 다양한 파라카스 문명으로부터 갈라져 나와 나스카 일대에 뿌리를 내리고 주변에 도시를 이룬 것이 문화 발생의 시초라고 했다.

해발 고도 700m에 위치하고 있는 나스카는 황량하고 척박한 평원이다. 추정하기로는 나스카 평원은 유사 이래 큰비가 한 번도 내린 것 같지 않다고 했다. 비가 와도 일 년에 반시간 정도밖에 안 내려 미국항공우주국은 화성의 생명체 존재 여부 실험을 이곳에서 했다고 했다.

주민이라야 미개한 생활을 하고 있는 원주민이 소수 있었고, 아무것도 없을 것 같은 이곳에 세계인을 깜짝 놀라게 하는 문명의 숙제가 숨어 있을 줄이야 그 누가 상상이나 했으랴? 나스카 근교에는 9세기경에 가장 번영했던 프레 잉카의 유적이 많이 발견되었는데, 그들이 남긴 토기들은 색다른 소재와 화려한 색채를 띠고 있었다.

1930년대에 페루사막을 횡단하던 한 조종사는 나스카 상공을 비행하다 이리저리 어지럽게 내달리는 인공적인 〈선〉들을 발견했다. 그가 이 사실을 학계에 보고했지만 무시되었다. 그러다 지난 1939년 뉴욕 롱 아일런드 대학의 폴 커서크 박사^{Dr. Paul Kosok}에 의해 그 선은 재발견되기에 이르렀다.

그 후 페루정부는 고대 관개시스템을 연구하기 위해 비행기를 타고 나스카 평원 상공을 비행하던 중 미상불 거대하고 신기한 그 도안을 발견하게 되었다.

▲ 해발 고도 700m에 위치하고 있는 나스카의 황량하고 척박한 평원.

▲ 비가 오지 않아 메말라 보이는 나스카 평원의 목화밭.

▲ 비행 순서를 기다리는 비행장 대기소.

▲ 비행장 모습.

　사막이라고 하면 우리는 보통 사방이 온통 끝없이 이어지는 황량한 모래밭을 떠올리게 된다. 그런데 페루의 해안 사막은 대부분 돌멩이로 덮여 있어 말라비틀어진 풀잎도 이따금 찾아볼 수 있다. 이것은 흙에 석회질이 많이 섞여 있고 돌이 그냥 깔려 있는 것이 아니라 붙어 있어 웬만한 풍화에는 침식되지 않기 때문이다.

　그래서 인위적인 훼손이나 대홍수가 나지 않는 한 이 지역의 지표면은 거의 변할 수가 없다. 너무나 건조하기 때문에 천년이 넘는 오랜 세월 동안 거대한 지상화가 보전될 수 있었다

▲ 관광객을 태우고 이륙하기 위해 시동을 거는 비행기 조종사.

는 것이 전문가들의 설명이었다.

　20세기 들어와 고속도로가 이 그림의 한가운데를 지나고, 또 페루 정부가 사막의 관개사업 계획을 추진하여 전설 속으로 사라질 뻔했던 것을 마리아 라이헤Maria Reiche 여사가 강경하게 싸워 철회시킨 의지도 크다고 할 것이다. 그 후 유네스코는 세계 7대 불가사의 중의 하나로 지목되는 이 나스카 지상 그림을 1994년 인류문화유산으로 지정했다.

▲ 석회암 산 위에 새겨진 우주인Astronaut 그림.

▲ 비행기를 타고 하늘에서 본 콘도르Condor 그림.

▲ 벌새Humming Bird(벌새의 전체 길이는 약 50m에 달한다고 한다).

* * *

파란 하늘은 눈이 시리도록 쾌청했다. 나스카 지상화地上畵 관광을 취급하는 에어로 콘도르 Aero condor 사의 경비행기에 우리 일행은 차례에 따라 안내되어 12명이 함께 동승했다.

이윽고 조종사는 활주로를 사뿐히 날아올라 기체를 좌우로 기울면서 그림에 접근하여 사진 촬영을 유도하면서 능숙한 영어로 설명을 곁들이며 공중을 선회했다.

그러나 기체가 너무 심하게 흔들려 멀미가 나고 어지럼증이 밀려왔다. 수없이 휘젓고 다닌 자동차 바퀴 자국들이 무척 시야를 어지럽게 했다. 빠르게 지나가는 그림을 포착하여 앵글 안

▲ Maria Reiche 여사가 세운 Mirador Tower전망대. Hnnds손. Tree나무. 전망대의 높이는 20m라고 하니 지상 그림과 비교해 보면 규모가 짐작된다. 고속도로 옆에 Maria Reiche 여사가 세운 Mirador Tower가 있고 밑에는 아홉 손가락의 Hands손과 위에는 Tree나무가 보인다.

에 담기란 고도의 재치가 요구되었다. 그렇지만 최선의 보람이 있었던지 그래도 나는 몇 컷만 흘려보내고 대부분 카메라에 담은 것 같았다.

모두들 시간 개념조차 잊은 채 속이 뒤틀림을 무릅쓰고 촬영에 온 열성을 쏟았으나 착륙하여 서로 영상을 확인하여 보니 희비는 엇갈렸다. 아쉬움이야 남겠지만 프로가 아닌 이상 이것으로 만족할 수밖에……

300m 이상의 높은 하늘에서 내려다보아야만 형체를 알아볼 수 있는 이 거대하고 신비스러

▲ Aero condor사에서 발급하는 나스카 라인 관광증명서.

▲ 경비행기 조종사와 함께.

▲ 끝이 보이지 않는 황량한 모래사막.

운 그림들을 대체 누가, 무슨 목적으로, 기획하고 만들었으며, 또 어떻게 만든 것일까? 전 세계의 관심을 끌면서 많은 학자들이 이 그림에 대해 연구를 하고 저마다 가설들을 제시했지만 아직까지 확실하게 받아들여지는 이론은 없었다. 그 까닭은 이 그림들에 대해 연구하고 분석할 물질적인 연구 자료가 없기 때문이었다. 대부분의 학자들은 개인적인 상상이나 추측에 의존해 이론을 만들어내었다.

나스카 그림 연구를 할 때 빠지지 않고 등장하는 인물이 독일 여성 마리아 라이헤Maria Reihe

▲ 나스카 라인을 관광하는 차.

여사다. 전직이 수학선생이었던 그녀는 페루에 왔던 1946년부터 1998년 죽을 때까지 50년이 넘는 세월을 끈질기게 나스카 그림 연구에 몰두했다고 했다.

　그녀는 이 그림들이 농사를 짓는데 필요한 정보가 되는 하늘의 별자리를 그려 놓은 〈농사달력〉이거나 천체 관측을 하기 쉽도록 땅 위에 여러 가지 기준선과 별자리를 그려 놓은 〈천문대〉일 것이라고 했다. 선은 태양·달·별의 궤도를 나타내고, 그림은 나스카문화의 신이었던 별자리를 의미하며, 달력들은 이곳 나스카 사람들의 농사에 이용되었다는 것이다.

▲ 모래사막 계곡에 조성된 마을.

　태양보다는 달에 관계된 그림이 많았다. 천체의 출몰 방향과 별자리를 표현한 것이 거미 그림의 척추선이 오리온자리의 출현 방향과 일치하며, 벌새 그림의 부리는 하지 때 일몰 방향과 관계가 있다고 연관 지었기 때문이었다. 어떤 이들은 이 그림들이 나스카 인들의 농경을 위하여 그려졌다고 했다. 나스카는 사막과 같은 건조한 기후로 비가 별로 내리지 않기 때문에 안데스 산맥에서 내린 비를 농사짓는 물로 흘러들게 하는 관개수로와 관련된 문양이라고 추정하기 때문이었다.

　한 개의 선으로 겹치지 않고 그려졌다는 사실에 착안해 옷감에 무늬 놓는 기술을 기록해 놓

은 것이라는 설과 티티카카 호수 지방의 지도라는 설 등 오랜 세월 동안 많은 사람들의 연구
에도 불구하고 확실하게 밝혀진 사실은 아직도 없었다. 모두가 가설일 뿐이었다.

나스카 그림은 지금까지 풀리지 않는 수수께끼로 남아 있다. 그래서 더 관심이 가고 매력적
인 것이 아닐까? 또한 확실하게 증명할 만한 학설이 아직까지 없으니 나스카 유적의 비밀을
푸는 것은 상상하는 사람들의 몫일지 모르겠다.

나스카에서 리마까지의 풍경

나스카에서 리마까지는 444km. 버스로 약 6시간이 걸렸다.

끝없이 펼쳐지는 황량한 평원을 조금만 유심히 들여다보면 지표면의 구성요소가 자갈과
밑에 깔린 석회질 점토인 것을 금방 알 수 있었다. 흔히 나스카의 신비스런 그림들을 보면서

▼ 나스카에서 리마로 가는 길에서 본 광활한 들판.

▲ 모래사막 위에 서 있는 상자곽 같은 원주민들의 집.

이 커다란 그림을 어떻게 그렸을까 하고 깊은 생각을 하게 되는데 그것은 땅의 성분을 고려해 보면 쉽게 답을 얻을 수가 있었다.

　방법도 아주 단순했다. 사막 표면의 거무스름한 자갈들을 약 30cm 깊이로 걷어내고 그 속에 밝은 색깔의 흙이 드러나 보이도록 한 다음, 걷어낸 돌들을 양 옆으로 둑처럼 쌓아 놓으면 된다는 것이다. 그러므로 그림을 그렸다기보다는 새겼다는 것이 더 정확한 표현일 것 같았다.

▲ 강열한 대낮의 햇살이 기울고 태평양 넓은 바다 위로 석양이 지는 모습.

어느덧 강열한 대낮의 햇살도 기울어 태평양 넓은 바다 위에 석양이 지는 모습이 차창 안으로 비쳐들었다. 지구 반대편의 잔잔한 바닷물 위로 비치는 일몰의 잔영이 내 가슴을 움직일 만큼 아름다웠다.

긴긴 중남미 여행의 마지막 코스인 페루여행을 마무리하고 보니 나그네의 몸과 마음도 어느덧 피로가 더께더께 쌓이는 기분이었다. 바다 멀리, 서쪽 끝에 두고 온 정다운 가족과 집이 문득 그리워졌다. 〈끝〉.

국립중앙도서관 출판시 도서목록(CIP)

라틴 아메리카 = Latin America : 이은천 중남미 여행기 /
지은이: 이은천. -- 인천 : JMG(자료원, 메세나, 그래그래),
 2015
 P. 368; 172×230mm

 ISBN 978-89-85714-73-0 03980 : ₩18000

 여행기[旅行記]
 라틴 아메리카[Latin America]

 985.02-KDC6
 918.04-DDC23   CIP2015001164

 이은천 중남미 여행기 _ 라틴 아메리카

2015년 2월 1일 1판 1쇄 인쇄
2015년 2월 5일 1판 1쇄 발행

지은이 | 이 은 천
펴낸이 | 김 송 희
펴낸곳 | 도서출판 JMG(자료원, 메세나, 그래그래)

우편번호   405-810
주소   인천광역시 남동구 간석4동 607-12(2F)
전화   (032) 463-8338(대표)
팩스   (032) 463-8339(전용)
홈페이지   www.jmgbooks.kr

출판등록   제1992-000001호(1992. 11. 18)

ISBN   978-89-85714-73-0   03980